江西理工大学清江学术文库

复杂网络的影响力计算及应用

杨书新　著

北　京
冶　金　工　业　出　版　社
2024

内容简介

本书以影响力计算在社交网络和生物信息中的应用作为主要内容，全书共分为7章。第1~6章主要介绍社交网络的影响力计算及应用，首先给出了社交网络数据的处理、可视化表示，然后在介绍信息传播模型和传播概率计算等关键技术的基础上，从局部信息、全局信息、多重信息、考虑级联数据、进一步挖掘影响力潜力等角度给出了不同的计算方法，并结合影响力最大化等问题求解，观察影响力计算的表现效果。第7章介绍蛋白质交互网络的影响力计算，用以求解蛋白质交互网络的关键蛋白质识别问题。有望拓宽读者的思维，激发研究者寻找在不同应用场景下的节点影响力分析新方法。

本书可作为从事复杂网络节点重要性分析、复杂网络影响力分析的高等院校教师、研究生及相关研究人员的参考书。

图书在版编目(CIP)数据

复杂网络的影响力计算及应用/杨书新著. —北京：冶金工业出版社，2023.2（2024.3重印）
（江西理工大学清江学术文库）
ISBN 978-7-5024-9254-0

Ⅰ.①复… Ⅱ.①杨… Ⅲ.①计算机网络—研究 Ⅳ.①TP393

中国版本图书馆CIP数据核字(2022)第153941号

复杂网络的影响力计算及应用

出版发行	冶金工业出版社	**电　　话**	(010)64027926
地　　址	北京市东城区嵩祝院北巷39号	**邮　　编**	100009
网　　址	www.mip1953.com	**电子信箱**	service@mip1953.com

责任编辑 杨盈园 王梦梦 美术编辑 燕展疆 版式设计 郑小利
责任校对 王永欣 责任印制 窦 唯
北京建宏印刷有限公司印刷
2023年2月第1版，2024年3月第2次印刷
710mm×1000mm 1/16；11.5印张；223千字；173页
定价68.00元

投稿电话 (010)64027932 投稿信箱 tougao@cnmip.com.cn
营销中心电话 (010)64044283
冶金工业出版社天猫旗舰店 yjgycbs.tmall.com
（本书如有印装质量问题，本社营销中心负责退换）

前　言

在现实世界里，很多对象之间存在关系，如发电厂、变电所、开关站之间的电流传输关系，通信设备的信号传输关系，蛋白质之间的相互作用，论文之间的引用关系，人与人之间的社交关系，交通站点之间的交通线路，物流配送站之间的运输线路。这些对象之间的关系形成了一个复杂系统。对于这些复杂系统，人们不禁会问一系列问题：哪个对象重要、系统的抗毁性如何、系统的负载均衡如何、哪些对象会被影响到？其中，分析对象的影响力，找出重要的对象，可以帮助人们控制信息的传播（包括促进或抑制）、防范传染病的传播、提高电力传输的容灾能力、发现意见领袖、挖掘关键蛋白质等。影响力计算的研究往往是结合具体问题而开展的，本书主要内容为影响力计算在社交网络和生物信息中的应用。与论文引用关系网等网络相比，社交网络和生物蛋白质交互网络充满更多的不确定性，其影响力的研究更具有挑战性。

在线社交网络源自于网络社交，是人们通过网络进行社交，是时代的话题。自 1971 年人类第一封电子邮件诞生以来，在线社交的工具和平台越来越多，国内有微信、QQ、新浪微博、天涯社区、网易社区等，国外有 Twitter、Instagram、Facebook、Youtube、VK 等。随着网络技术和智能终端的普及，越来越多的人使用网络社交平台进行社交活动，包括商业推广、舆论宣传、单纯的信息分享等。以新浪微博为例，据公开的数据显示，2020年新浪微博的日活跃用户达到2.29亿户，每秒微博产生量达785条。

在庞大社交网络平台中，信息发布者通过社交媒体传播他们的想法和信息来影响平台中的其他用户，信息传播快且范围广，这使得社交网络中的信息传播扩散问题越来越受学者们关注。社交网络是信息时代人类生活的重要组成部分，人们的生活方式受到社交网络的深刻影响。它的出现极大缩减了信息传播时间和信息收发的地域空间距离，使大世界成为小小的地球村。为更好地帮助人们利用社交网络的信息传播功能，对社交网络进行分析具有非常重要的研究意义和应用价值，是时代化问题。关于社交网络分析的研究问题有很多，如影响最大化、预测谁会被影响（又称为微观预测）、预测多少人会被影响（又称为宏观预测）、虚拟社区发现、话题发现和演化、谣言检测等。方滨兴院士将社交网络分析的科学问题归为在线社交网络结构的特性与演化机理、在线社交网络群体行为的形成与演化机理、在线社交网络信息传播的规律与演化机理三类。作为在线社交网络信息传播的规律与演化机理问题的研究内容之一，社交网络的影响力面临着度量的有效性、时效性等多方面的挑战。

本书关于影响力计算在社交网络应用方面的内容以数据、模型、计算为线索进行编写，共分6章。

第1章介绍了社交网络传播模型及影响概率计算，对社交网络的信息扩散的主要研究进行了系统的分析。首先从社交网络数据获取和表示形式入手，其次重点介绍社交网络分析的核心基础技术——信息传播模型和传播概率计算，给出了独立级联模型、线性阈值等模型。

最后，基于概率计算依据的数据视角，描述了具有代表性的概率计算方法，为后续理解影响力计算分析做好铺垫。

第2章介绍了面向局部信息的影响力计算及应用。首先对基于图结构的影响力计算方法进行了整体介绍，其次给出两种面向局部信息的影响力计算方法，分别是基于两阶段启发的影响力计算方法、基于三级邻居的影响力计算方法，并用以求解影响最大化。

第3章介绍了面向全局信息的影响力计算及应用，应用场景包括影响最大化、面向目标节点的个性化影响最大化。具体地介绍了基于割点的影响力计算及在影响最大化的应用，以及面向目标节点两种影响力计算方法并用以求解个性化影响最大化。在面向目标节点两种影响力计算小节中，给出的两种方法分别是基于最大影响路径的影响力计算、基于热量值的影响力计算。

第4章主要介绍了多重信息下影响力计算，社交网络待传播的信息实体间关系以及用户间的关系，给出了两种场景下的影响力计算方法及在影响最大化的应用，这两种场景分别是信息对立下的影响力计算、符号网络下的积极影响力。

第5章介绍了基于级联数据的影响力计算。首先讨论了没有明确的个体关系前提下的影响力计算，其次统计活跃转发者数量和级联的用户规模，介绍了活跃转发者对信息扩散的影响，构建融合活跃转发者特征的神经网络模型，给出融合活跃转发者的影响力计算方法，并用以求解影响最大化问题。

第6章介绍了如何进一步发挥节点影响力的相关研究。首先讨论优化网络结构、种子分批投放的两种策略，其次给出了通过加边扩大影响最大化的一种方法，介绍了 full-adoption、myopic 等反馈模型下的自适应影响最大化的相关研究成果，包括最优自适应策略、最优非自适应策略、自适应贪心等策略下的影响范围比的上下界。

不同场景下的复杂系统的组成具有不同的特点，对象之间的影响作用计算方式并不完全一样，从而导致对象重要性计算依据也不一样，如蛋白质的交互评估和社交网络人与人之间的相互影响机制是存在区别的。蛋白质之间的交互与蛋白质的生物特征相关，而人与人之间的相互影响和两人之间的关系、话题等有关。为了进一步了解影响力计算在不同领域的应用，本书第 7 章为影响力计算在生物信息学中的应用，介绍了基于动态加权 PPI 网络的关键蛋白质预测方法，综合 GO 语义信息和蛋白质周边的交互情况，并进行分析和对比。

本书可供复杂系统研究领域的学者了解影响力计算在社交网络、生物信息等应用领域的基础工作、研究进展、实现方法以及应用场景。在本书撰写过程中，梁文、王希、宋建缤、许景峰等人参与了资料收集和内容整理工作，在此一并表示感谢。本书内容所涉及的研究主要得到了国家自然科学基金项目（T2261018）的资助。

由于作者水平有限，书中难免存在表述不妥的地方，敬请广大读者批评指正。

作　者

2022 年 1 月

目　　录

1 社交网络传播模型及影响概率计算

社交网络中人与人交互而产生的影响无时无刻地存在着。同现实生活中无法脱离群体而绝对独立存在的人一样，社交网络的用户并非孤零零的个体，而是复杂社交关系的微观组成。无论是朋友推荐的网络游戏或是参与某组织领导者的投票选举，其最终表现将受到周围个体与群体不同程度的影响。图 1-1 所示为信息传播抽象示意图。图 1-1 中的用户 A 为信息源，即第一个发布信息的用户，发布了消息 M，其他的用户 B、C、D、E 为参与消息 M 的传播。椭圆形的圈子表示用户参与传播的时间，内圈的用户参与传播的时间早于外圈的用户。图 1-1 呈现的是信息传播的表面现象，而摆在我们面前的有一系列问题需要思考：

（1）D 还是 C 能影响到 E，影响概率是多少，抑或 D 和 C 都对 E 有影响？

（2）A 到 E 的影响路径是什么？

（3）D 和 C 对 E 的影响是否有累计效应？

（4）哪个用户的影响力最大？

（5）未来时间哪个用户将会被影响？

（6）哪几个用户的影响范围最大？

（7）其他，等等。

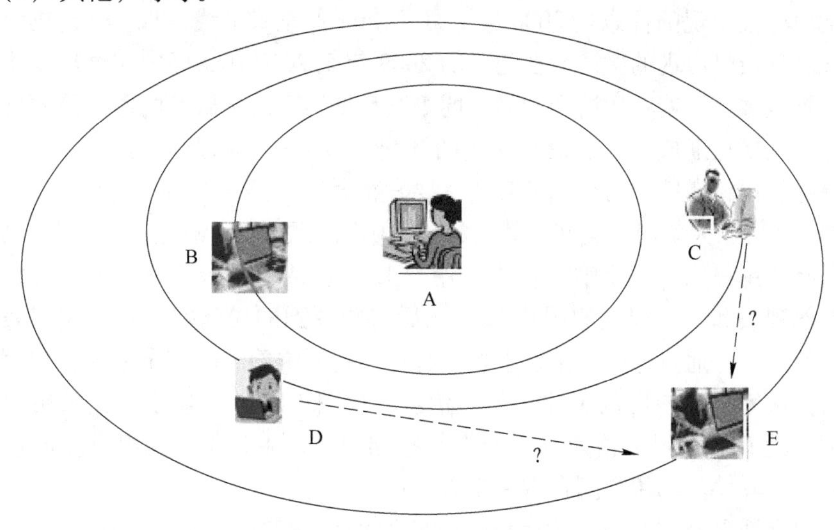

图 1-1 信息传播抽象示意图

这些问题涉及两个关键问题，即信息传播机理、用户间的影响概率估算。信息传播模型是用来描述信息在社交网络如何传播，即用户是如何影响其他用户，用户是如何被影响到参与传播。模型有助于理解信息传播机制。如何看待信息传播模型，有的认为社交网络可以用图来描述用户参与传播过程之间的关系，有的认为用户之间的影响关系难以捕捉。基于这些认识的不同，学者们提出了不同的传播模型。在关于社交网络传播模型的小节中，重点介绍研究比较多的信息传播模型有独立级联模型、线性阈值模型、热量传播模型、传染病模型等。

针对影响概率计算，人们在社交网络影响关系已知、社交网络影响关系未知的假设前提下，基于图结构数据、级联数据使用方式的不同提出了不同的方法。在关于影响概率计算的小节中，从信息传播数据使用角度介绍几种有代表性的影响概率计算的方法。

1.1　数据的获取和表示

对社交网络的分析离不开社交平台的数据，因此，在介绍信息传播模型和影响概率计算方法之前，先了解数据的获取和表示形式、公开的数据集及已有的图可视化工具等基础知识。

本节从数据集获取的角度出发，以新浪微博为例，展示了社交网络数据的爬虫实例。最后介绍了常用社交网络数据及其可视化工具。

1.1.1　数据的获取

微博时代出现的标志是 2006 年 7 月 Twitter 的正式上线，Twitter 也成为了目前最著名且最早出现的微博。在随后的 2009 年至 2010 年，国内相继出现了新浪微博、腾讯微博、搜狐微博和网易微博等微型博客，由于微博的使用简便性且传播迅速，微博逐渐成为人们最常使用的社交工具之一。与此同时，政府、公司、杂志等组织也将微博作为他们信息的重要发布渠道。

图 1-2 所示为微博社交网络数据的爬虫机制，图 1-2（a）所示为用户的关系图，所有的用户均有一个唯一标识的用户 ID，从某个初始用户出发，可爬取该用户粉丝列表和关注列表的用户 ID。然后将爬取到的粉丝列表及关注列表分别作为初始用户，通过递归式重复上述过程。通过蜘蛛网式的记录方式，尽可能地获取新浪微博上用户间的关注和粉丝信息。如图 1-2（b）所示，记录用户与其关注用户的 ID，通过表格建立二元组并存储至文件中，每一元组自左向右含义为：用户与其关注的用户间存在一条有向边。

新浪微博是目前国内最受大众欢迎的微博，2021 年 3 月新浪官方发布的《新浪微博 2021 年第一季度财报》显示，微博月活跃用户达到 5.3 亿人，日活跃

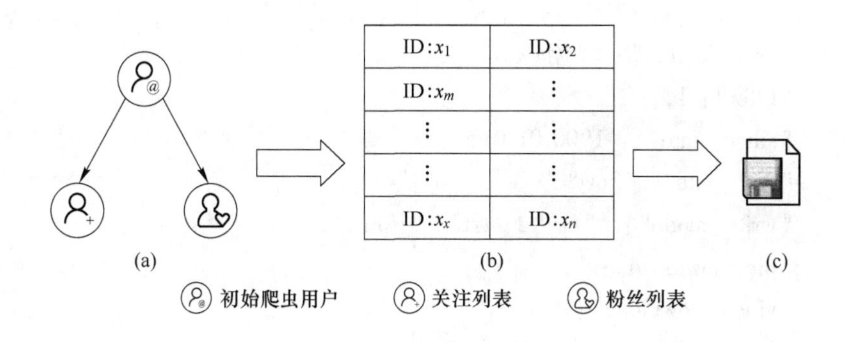

图 1-2 爬虫机制

(a) 爬取机制;(b) 用户列表;(c) 数据文件

用户达到 2.3 亿人。微博涉及消费、美食、运动等生活内容，越来越多的年轻人使用微博记录日常的生活。对比于人人网和 Facebook，新浪微博只需关注对方即能查看对方的微博信息，无需互相关注，这使得信息影响力的范围大大增加。微博界的创始者 Twitter 虽然运作方式与新浪微博类似，但其转发和评论消息远不及新浪微博丰富。新浪微博上面向开发者提供了 API 接口，研究者可以很简单地获取到真实社交数据，因此，以新浪微博社交数据为例来展现实验数据的获取过程。终端控制台进入该目录，输入以下命令将其解压缩:

```
pip install -r requirements. txt
```

系统会开始安装项目依赖，等待其安装完成即可。

下面通过一个爬虫实例来说明数据的两种表现形式。根据图 1-2 所示的爬虫机制，使用 Python 语言及其第三方爬虫库 WeiboSpider 来获取新浪微博的社交网络数据。

步骤:

(1) 首先通过 Github 下载 WeiboSpider 开源库并安装该库，下载地址为 "https://github. com/dataabc/weiboSpider"。下载完成后，打开 windows。

(2) 在新浪微博打开任一用户微博主页，如图 1-3 所示为微博 Cookie 获取示意图，可通过对网页进行元素审查方式获得新浪微博的 Cookie，Cookie 的作用是获取新浪微博的访问权限。

(3) 根据爬虫机制，首先要选择一个初始人物。如图 1-4 所示为获取初始用户 ID，该用户主页网址的数字记为该用户的唯一标识 ID，可使用正则表达式匹配获取该用户 ID。

(4) 通过 Python 代码将匹配获取到的初始用户 ID 和微博 Cookie 填入 weibo_ spider 目录文件夹下的 config_sample. json 文件的对应位置。文件内容如下。

```
{
    "user_ id_ list" : ["用户 ID"],
    "filter" : 1,
    "since_ date" : "1900-01-01",
    "end_ date" : "now",
    "write_ mode" : ["csv", "txt", "json"],
    "pic_ download" : 1,
    "video_ download" : 1,
    "fans_ list" : 1
    "follow_ list" : 1
    "cookie" : "your cookie"
}
```

user_ id_ list 代表要爬取的微博用户的 user_ id，将起始用户 ID 填入该栏目。filter 的值为 1 代表爬取全部原创微博，值为 0 代表爬取全部微博。since_ date 和 end_ data 分别表示爬取微博的时间维度。write_ mode 代表结果文件的保存类型。pic_ download 值为 1 代表下载微博中的图片，值为 0 代表不下载。video_ download 值为 1 代表下载微博中的视频，值为 0 代表不下载。fans_ list 值为 1 代表记录该用户的粉丝 ID 列表，值为 0 代表不记录。follow_ list 值为 1 代表记录该用户的关注 ID 列表，值为 0 代表不记录。cookie 是爬虫微博的 Cookie。

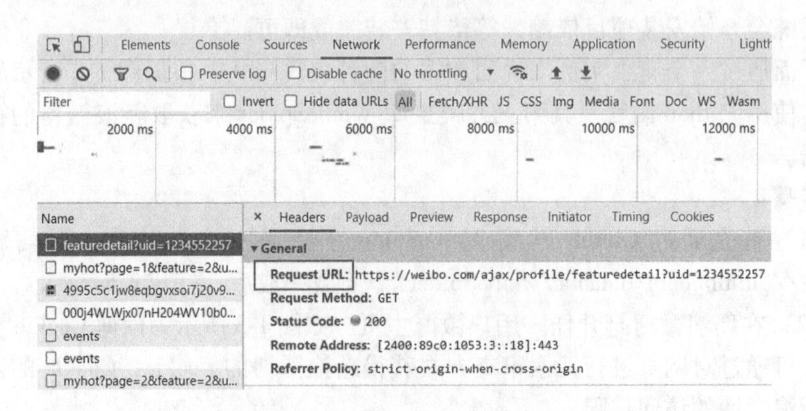

图 1-3　微博 Cookie 获取示意图

weibo.com/u/1669879400?is_all=1

图 1-4　获取初始用户 ID

（5）最后进入控制台终端，在 weiboSpider 目录下运行如下命令：

```
python3 -m weibo_spider
```

完成上述步骤后，程序会自动生成一个名为 weibo 的文件夹，并以此作为总文件夹来存储爬取的所有微博。然后程序还会在该文件夹下生成一个名为“初始用户名”的文件夹来保存指定爬取的用户微博。

爬取结果，如图 1-5 所示，该文件夹里包含两个 csv 文件、一个 txt 文件、一个 json 文件、一个 image 文件夹和一个 video 文件夹。csv 文件分别记录了该初始用户的关注列表和粉丝列表用户 ID，txt 文件记录了微博的正文、发表时间、转发和评论等信息，json 文件记录的是爬取规则，image 文件夹用来存储对应微博的图片，video 文件夹用来存储对应微博的视频。如果设置了保存数据库功能，这些信息也会保存在数据库里。

image
video
1669879400.json
1669879400.txt
fans_list.csv
follow_list.csv

图 1-5 爬取结果

图 1-5 展示了单个用户的微博内容，可通过 for 循环的方式遍历获得用户的粉丝列表和关注列表，从而构建一个如图 1-2 所示的用户关系网络。

1.1.2 公开的数据集及图可视化

社交网络的研究离不开数据集。许多研究者会将自己在科研过程中使用过的数据集进行开源，其中最著名的莫过于斯坦福大学的大型网络关系开放数据集网站（http://snap.stanford.edu/data/），该网站提供了社交网络、引文网络、合作网络、符号网络和时序网络等十几种不同领域的网络数据集，极大地方便了研究者们进行后继的研究。表 1-1 给出了部分用于社交网络研究的公开数据集。

表 1-1　部分公开的数据集

数据集名称	类型	节点数	边数	来源
Ego-Twitter	有向图	81306	1768149	Twitter 网站
Soc-Epinions1	有向图	75879	508837	Epinions 网站
Soc-Slashdot0811	有向图	77360	905468	Slashdot 网站
Wiki-Vote	有向图	7115	103689	维基百科
Ego-Facebook	无向图	4039	88234	Facebook 网站
Wiki-Rfa	带符号的有向图	10835	159388	维基百科
cit-HepPh	带时间戳的有向图	34546	421578	arXiv 网站

社交网络数据往往由大量的点和边组成，构成繁杂且无规律可循，因此可通过可视化方式增加数据的灵性，从而帮助研究者更好地分析数据。社交网络数据可视化工具有很多，如 Gephi、Cytoscape、Ucinet、NodeXL、NetMiner、Pajek、SocialNetworksVisualizer 等。其中，Gephi 是一款开源免费跨平台的软件，主要用于复杂网络分析，可以进行交互可视化分析，具有简单、易学等特点。为对可视化分析软件有个初步的认识，下面以 Gephi 为例，介绍其使用方法。

1.1.2.1　Gephi 的下载安装

如图 1-6 所示，进入 Gephi 官网 https://gephi.org/，点首页的“Download FREE”即可免费下载 Gephi，在安装过程中，注意不要出现中文路径。

图 1-6　Gephi 官网

1.1.2.2 Gephi 的操作界面和相关术语

图 1-7 展示了 Gephi 的操作界面，左侧是外观和布局，中间是图形可视化展示界面，右侧是对图结点和边的过滤和统计。图 1-7 上的边或弧带权，可分为有向网和无向网。在无向图中，与顶点 v 关联的边的条数称为顶点 v 的度。有向图中，则以顶点 v 为弧尾的弧的条数称为顶点 v 的出度，以顶点 v 为弧头的弧的条数称为顶点 v 的入度，而顶点 v 的度=出度+入度。图中各点度数之和是边（或弧）的条数的 2 倍。

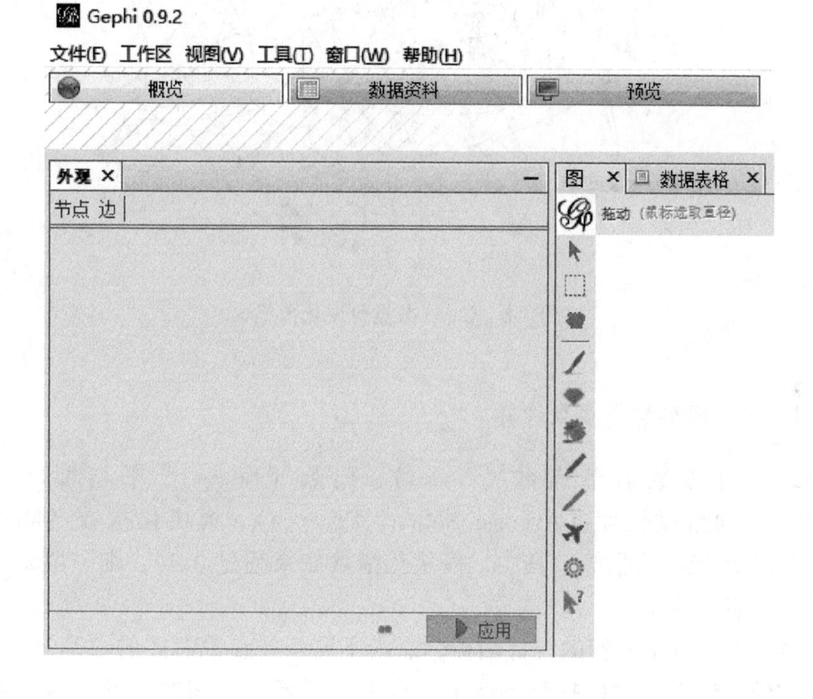

图 1-7 Gephi 操作初始界面

1.1.2.3 数据的导入和可视化预览

测试数据集 soc-dolphin 来自著名的社交网络数据集网站 Network Repository（https：//networkrepository. com/）。通过左上角“文件-打开-选择文件”的方式将数据集导入 Gephi，数据类型分为“节点表格”“边表格”“邻接名单”和“矩阵”，软件会根据导入的文件自动识别数据格式，点击完成。

如图 1-8 所示，可以在预览里看到数据的默认可视化图形。

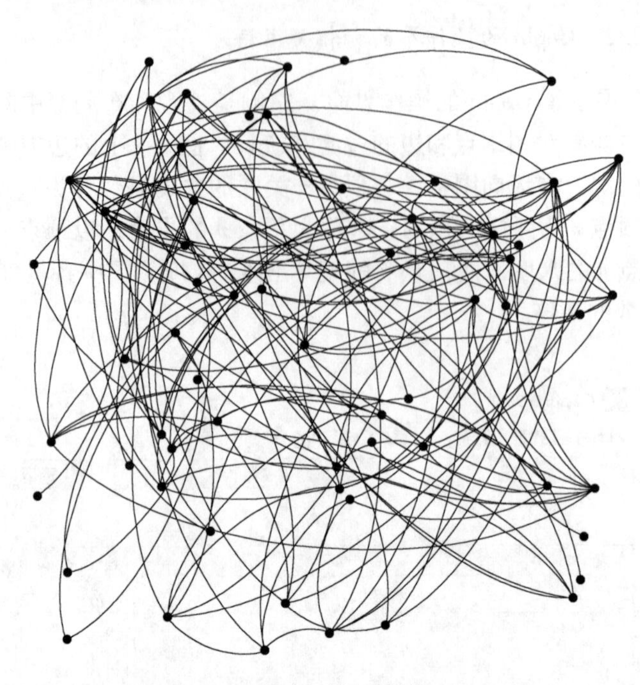

图 1-8 Gephi 数据可视化预览

1.1.2.4 网络拓扑参数计算

网络拓扑参数有节点数（Nodes）、边数（Edges）、平均度（Average Degree）、平均路径长度（Average Network Distance）、模块化指数（Modularity Index）和平均聚类系数等，其中，模块化指数如果超过 0.44，则一般认为该网络达到了一定的规模。

通过点击右侧工具箱的统计面板，点击不同拓扑参数右侧的“运行”按钮，即可很方便地计算出对应拓扑参数值。点击“运行”按钮右侧的问号则可以查看详细的报告，并且可以将相关内容进行打印、复制和保存。以此数据集为例进行以下七个拓扑参数的计算：平均度、平均加权图、网络直径、图密度、模块化、平均聚类系数、平均路径长度。算图的拓扑参数计算结果，如图 1-9 所示。

1.1.2.5 图的修饰

Gephi 提供多种布局方式，选择布局格式后，设置相关属性，点击“运行”，等布局稳定后，点击“停止”即可得到对应的布局网络图。通过左侧的工具箱可更改节点和边的颜色、大小、字体和缩放值等属性，还可以拖动图上的节点来细微调整图的布局。用户可根据需求和喜好调节图的形状，通过一系列的参数调

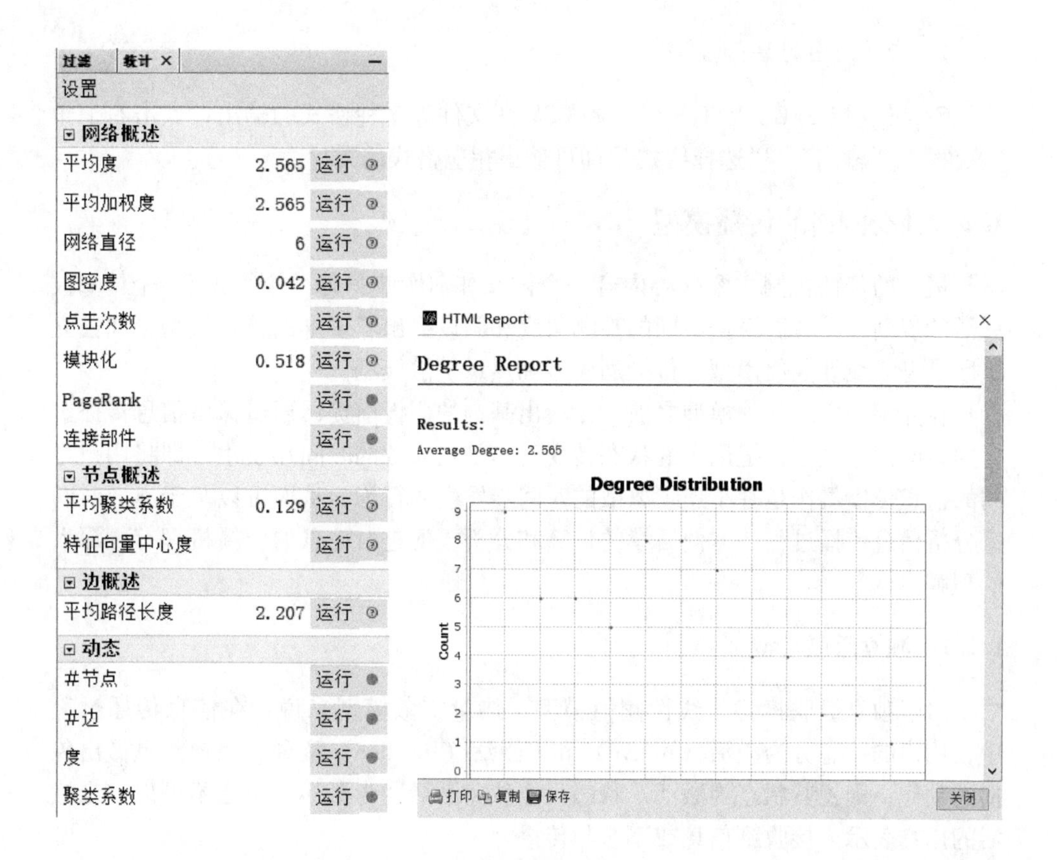

图 1-9 算图的拓扑参数

整，该数据集可得到如图 1-10 所示的图形。

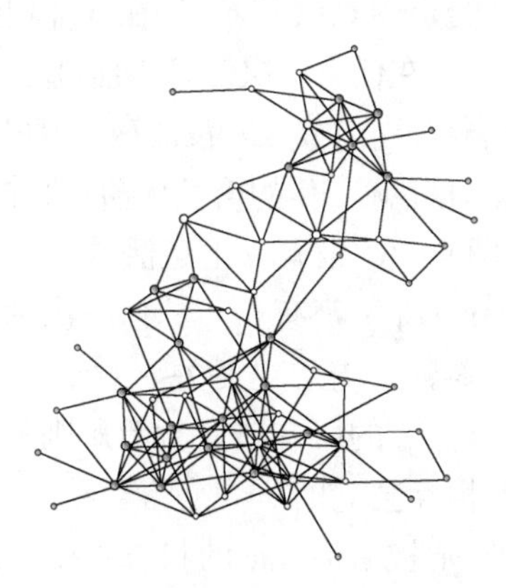

图 1-10 调整后的可视化图形

1.1.2.6 图的导出

Gephi 支持 SVG、PNG、PDF 和 CSV 图文件等多种格式的输出，点击右上角"文件" - "输出" - "选择格式"即可输出相应格式的图片。

1.2 社交网络的传播模型

模型的传播机制主要核心内容是个体 u 如何影响另外一个个体 v、个体 v 被激活的规则，学者们根据不同的观测角度和假设提出了多样的传播模型，如独立级联模型、线性阈值模型、传染病模型和热量扩散模型。

在介绍独立级联等模型之前，先给出基本的假设前提：通过保留信息传播蕴含的时间偏序关系，把用户的状态转变看作是在离散的时间点发生，即将用户之间的信息传播看作是基于连续离散的时间步发生的行为，从而可以基于离散时间来分析信息传播过程，方便后续的计算和分析，促进对信息的传播机理有更深入的理解。

1.2.1 独立级联模型

对于独立级联模型、线性阈值模型、热量扩散模型来说，在信息传播过程中，用户的状态分为激活（Active）和未激活（Inactive）两种。用户一旦做出传播的动作，即视其状态为激活。状态只能从非激活变为激活，反之不可以。未激活的用户表示未接收到信息或不参与传播。

1.2.1.1 传播机制

独立级联模型（IC，Independent Cascade Model）是以图的形式描述了人与人之间独立交互影响的行为。给定图 $G=(V,E)$，在 IC 模型中，两个节点之间的边都有概率值 $p_{u,v}$（$0 \leqslant p_{u,v} \leqslant 1$）。在任意一次信息传播过程中，每个激活节点（用户）只有一次激活邻居节点的机会。当前节点若没能激活其特定的直接邻居，则未来当前节点不再对该邻居产生任何影响。IC 的信息传播机制描述如下：

（1）在传播开始时，即 $t=0$，设有一组激活的种子节点集 S。对于 $\forall v \in S$，v 的状态为激活（$S(v)$ = active），v 都有 $p_{v,w}$ 的概率激活处于非激活状态的邻居节点 w。$0 \leqslant p_{u,v} \leqslant 1$ 是独立的参数，与历史无关。对于 w 来说，如果 w 的邻居有一组状态激活的节点集 A_w，则 A_w 的所有节点激活规则是按照任意的顺序尝试激活 w。节点的尝试激活是彼此相互独立的。

（2）在 $t+1$ 时刻，假如 w 被激活，w 的状态将变为激活，否则 w 的状态还是未激活。不管 v 是否激活 w，v 只有一次激活 w 的机会，在未来的时间不能反复尝试激活 w。

(3) 随着时间 t 的增加，按照上述激活规则沿着网络的边路径尝试激活未激活的节点，直至再没有激活的可能。

图 1-11 给出了基于 IC 模型的信息传播过程，描述的是传播过程的某次可能结果。

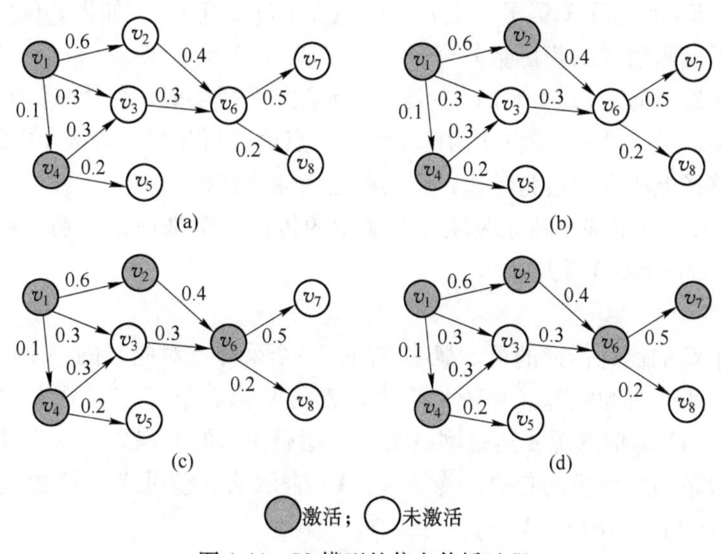

图 1-11 IC 模型的信息传播过程

(a) $t=0$；(b) $t=1$；(c) $t=2$；(d) $t=3$

在图 1-11 中，边上的权值为用户之间的影响概率。设信息源为 v_1、v_4，$S=\{v_1, v_4\}$，灰色标记的节点表明节点处于激活状态。传播过程如下：

(1) $t=0$ 时为信息传播开始阶段，$S_0=\{v_1, v_4\}$。

(2) $t=1$ 时，分别检查 v_1 和 v_4 尝试激活处于未激活状态的邻居节点是否成功。其中，v_1 以 0.6、0.3 的概率分别尝试激活 v_2、v_3，v_4 以 0.3、0.2 的概率分别尝试激活 v_3、v_5。假设节点 v_2 被 v_1 成功激活，其他节点未被成功激活，则 v_2 的状态变为激活，v_3、v_5 保持不变。

(3) $t=2$ 时，检查 v_2 尝试激活处于未激活状态的邻居节点是否成功，v_2 以 0.4 的概率尝试激活 v_6。假设节点 v_6 被 v_2 成功激活，则 v_6 的状态变为激活，其他节点状态保持不变。

(4) $t=3$ 时，检查 v_6 尝试激活处于未激活状态的邻居节点是否成功，v_6 以 0.5、0.2 的概率尝试激活 v_7、v_8。假设节点 v_7 被 v_6 成功激活，则 v_7 的状态变为激活，节点 v_8 状态保持不变。至此，可以看出，此时网络中没有出现新激活的节点，传播至此结束。

1.2.1.2　子模特性

在给出 IC 模型的子模特性之前，先给出子模函数等相关定义。

定义 1-1　子模函数（Submodular Functions）。设有限集合 E 的任意两个子集 X、Y，$i \in E \setminus Y$，且 $X \subseteq Y$，记 $f_X(i) = f(X + i) - f(X)$。如果 $f_X(i) \geqslant f_Y(i)$，则 $f()$ 为子模函数（次模函数）。

定义 1-2　活边（Live Edge）。当节点 u 激活 v 成功时，将边 e_{uv} 声明为活边。

定义 1-3　活边路径。设 A 为已激活的节点集，当存在一条从 A 中的节点到 v 的路径且路径上所有的边为活边，将其称之为活边路径。

定理 1-1　对于基于独立级联传播模型的传播实例来说，影响函数 $\sigma(\cdot)$ 具有子模（Submodular）特性。

证明：

在基于 G 的信息传播的可能概率空间，一个采样点对应 G 的一个信息传播实例，实例中所有边的状态（是否为活边）都已明确。令 X 表示概率空间的样本采样点，$\sigma_X(A)$ 为信息源 A 通过网络图 G 传播后激活的节点总数，此时 X 为 G 中所有确定状态的边形成的集合。令 $R(v, X)$ 表示从 v 经过 X 中活边能达到的节点，$\sigma_X(A) = |\cup_{v \in A} R(v, X)|$。

设有两个集合 S、T，$S \subseteq T \subseteq V$，在 S 中添加 v 后的边际收益为 $\sigma_X(S \cup \{v\}) - \sigma_X(S)$，即添加 v 后新激活的节点数量，新激活的节点不在集合 $\cup_{u \in S} R(u, X)$ 里。因 $S \subseteq T$，S 传播的范围肯定小于等于 T 的传播的范围，添加 v 后新增的激活节点与 $\cup_{v \in T} R(v, X)$ 的交集显然大于等于与 $\cup_{v \in S} R(v, X)$ 的交集，即

$$\sigma_X(S \cup \{v\}) - \sigma_X(S) \geqslant \sigma_X(T \cup \{v\}) - \sigma_X(T) \tag{1-1}$$

综上，可知 $\sigma_X(\cdot)$ 为子模函数。

图 1-12 所示为 S、T、$\sigma(S)$ 和 $\sigma(T)$ 的一个收益示意图。从图 1-12 中可看出式（1-1）明显成立。

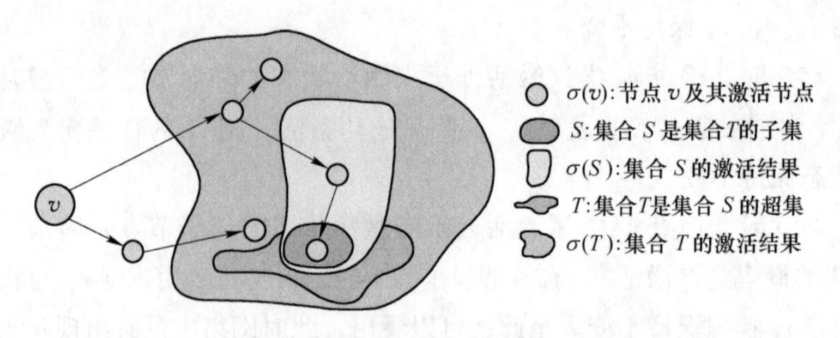

图 1-12　收益示意图

$\sigma(A)$ 的期望值是基于 X 发生的概率获得，其计算如式（1-2）所示。式（1-2）的 $\sigma(A)$ 是由子模函数 $\sigma_X(A)$ 的非负线性组合而得出的，因此，$\delta(\cdot)$ 具有子模特性。

$$\sigma(A) = \sum_{X} \text{Prob}[X] \cdot \sigma_X(A) \tag{1-2}$$

1.2.2 线性阈值模型

1.2.2.1 传播机制

给定图 $G=(V,E)$，在线性阈值模型（LT，Linear Threshold Model）中，G 中每个节点 v 有个阈值 θ_v，当 v 的邻居对 v 的影响力超过 θ_v（$0 \leqslant \theta_v \leqslant 1$），则节点 v 的状态从非激活转化为激活。当越来越多的 v 的邻居被激活，则 v 激活的可能性单调递增。LT 的信息传播机制描述如下：

（1）在传播开始时，即 $t=0$，设 A 为信息传播源，即 A 中所有节点为激活状态。

（2）在 $t+1$ 时刻，t 时刻新增加的激活节点 u 都有可能引起未激活节点的状态变化。因此，需对 u 周边的邻居节点进行检测。对于 u 的每个未激活的邻居节点 $v(v \in N(u))$ 来说，如果满足式（1-3），则会被激活，否则节点的未激活状态保持不变。

$$\sum_{u \in N_{\mathrm{a}}(v)} b_{uv} \geqslant \theta_v \tag{1-3}$$

其中，$N_{\mathrm{a}}(v)$ 为 v 的所有处于激活状态的邻居节点。

（3）随着时刻 t 的增加，如果在新的一轮检测中没有新的节点被激活，则意味着信息传播结束。

将线性阈值模型用于图 1-11 的网络图。为便于分析和理解，设所有节点的激活阈值为 0.5，基于 LT 的传播过程如下（见图 1-13）：

（1）当 $t=0$ 时，为信息传播开始阶段，v_1 和 v_4 处于激活状态。

（2）当 $t=1$ 时，v_1 和 v_4 周边的邻居有 v_2、v_3、v_5，检查激活节点对 v_2、v_3、v_5 的影响，其中，v_2 受 v_1 影响的概率值为 0.6，v_3 受 v_1 和 v_4 影响的累加值为 0.6（$p_{v_1v_3}+p_{v_4v_3}=0.6$），均大于激活阈值 0.5，$v_5$ 受 v_4 影响的概率值为 0.2，故 v_2、v_3 的状态变为激活，v_5 的状态不变。

（3）当 $t=2$ 时，v_2 和 v_3 周边的邻居有 v_6，检查激活节点对 v_6 的影响，v_6 受影响的累加值为 0.7，大于激活阈值 0.5，故 v_6 的状态变为激活。

（4）当 $t=3$ 时，v_6 周边的邻居有 v_7、v_8，检查激活节点对 v_7、v_8 的影响，此时 v_7、v_8 受影响的累加值分别为 0.5、0.2，其中，v_7 受影响的累加值大于激活阈值 0.5，故 v_7 的状态变为激活，v_8 的状态保持不变。

（5）当 $t=4$ 时，v_7 没有邻居节点，即网络中不再可能有新的节点被激活，传播结束。

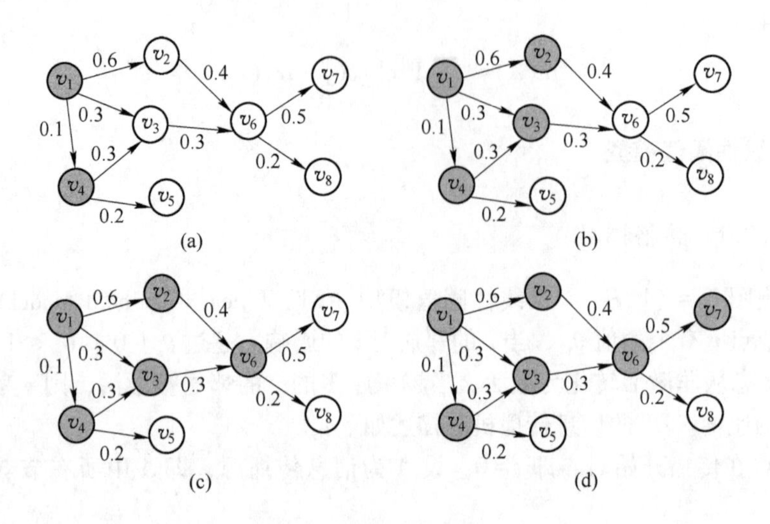

图 1-13　LT 模型的信息传播过程

（a）$t=0$；（b）$t=1$；（c）$t=2$；（d）$t=3$

从 IC 和 LT 模型的传播机制描述可看出，IC 和 LT 有以下不同之处：IC 模型中节点对邻居节点的影响仅限于一次尝试，而 LT 考虑影响的累计效应，即节点对邻居节点的影响被记录保留下来，累加到该邻居节点受影响的概率值；IC 是从信息发送者角度去分析是否被激活，LT 是从信息接收者角度去分析节点是否被激活。

1.2.2.2　子模特性

定理 1-2　对于基于线性阈值模型的传播实例来说，影响函数 $\sigma(\cdot)$ 具有子模特性。

证明：

令 A_t 表示时刻 t 下状态为激活的节点集。在基于线性阈值模型的信息传播过程中，假如 v 在时刻 t 未被激活，那么在时刻 $t+1$ 被激活的概率为 P_1。

$$P_1 = \frac{\sum_{u \in A_t \setminus A_{t-1}} b_{u,v}}{1 - \sum_{u \in A_t \setminus A_{t-1}} b_{u,v}}$$

另外，在基于活边模型的信息传播过程中，假如 v 在时刻 t 未被激活，那么在时刻 $t+1$ 被激活的概率为 P_2。

$$P_2 = \frac{\sum_{u \in A_t \setminus A_{t-1}} b_{u,v}}{1 - \sum_{u \in A_t \setminus A_{t-1}} b_{u,v}}$$

基于活边模型与基于线性阈值模型下被激活的概率相同。这意味着基于活边处理过程产生的激活节点分布与基于线性阈值模型的信息传播过程产生的激活节点分布相同。因此，对于给定的目标集 A，线性阈值模型中 $\sigma(\cdot)$ 的子模特性证明和定理 1-1 类似。

1.2.3 热量扩散模型

热量传递是自然界中常见的一种物理现象，热量自发地由高温的地方向低温的地方转移。热量传递和信息传播存在相似之处，因此，热量扩散模型（HD，Heat Diffusion）也被用在社交网络信息传播研究中。Ma 将网络图的边看作热量扩散通道，提出基于有向图、无向图、含先验知识的有向图的三种热量扩散模型。本节中介绍基于有向图的热量传播模型。

定义 1-4 导热系数，又称为热导率，表示热量在单位时间内通过介质单位面所传递的热量，是度量中间介质传导热能的一个指标，用 α 表示。

在 HD 模型中，导热系数（Heat Diffusion Coefficient）是非常重要的参数，类似于 IC、LT 模型的传播概率，其取值范围在 0~1 之间，反映出节点向邻居节点转移热量的比率。

给定有向图 $G=(V,E)$，令 α 表示导热系数，$h_i(t)$ 表示 G 中节点 v_i 在时刻 t 的热量值，$\boldsymbol{h}(t)$ 为一个由 N 个节点在时刻 t 的热量值组成的 $N \times 1$ 维向量，其中，$N = |V|$。

$$\boldsymbol{h}(t) = [h_1(t), h_2(t), h_3(t), \cdots, h_i(t), \cdots, h_N(t)]^{\mathrm{T}}$$

对于 G 中节点 v_i，设在初始时刻 t_0，v_i 上热量记为 $h_i(0)$。当扩散到达时刻 t 时，基于 HD 模型的热量扩散规则描述如下：

若存在 $v_j \to v_i$，经过 Δt 后，v_j 向 v_i 转移的热量为 $(\alpha \cdot h_j(t) \cdot \Delta t)/d_j$，记 $Gh_i(t,\Delta t)$ 为 v_i 通过入边从邻居节点接收到的热量；若存在 $v_i \to v_j$，经过 Δt 后，记 $Ph_i(t,\Delta t)$ 为 v_i 通过出边向邻居散失的热量，v_i 向 v_j 转移的热量为 $(\alpha \cdot h_i(t) \cdot \Delta t)/d_i$，其中，$d_i$ 为节点 v_i 的出度。在热量扩散过程中，如果节点的热量值大于或等于激活阈值，则认为节点被激活。$Gh_i(t,\Delta t)$ 和 $Ph_i(t,\Delta t)$ 的计算为式（1-4）和式（1-5）。

$$Gh_i(t,\Delta t) = \alpha \cdot \Delta t \cdot \sum_{j:v_jv_i \in E} \frac{h_j(t)}{d_j} \tag{1-4}$$

$$Ph_i(t,\Delta t) = \alpha \cdot \Delta t \cdot h_i(t) \tag{1-5}$$

考虑节点的出入度数量，综合式（1-4）和式（1-5），可得出节点 v_i 上的热量变化的通用式：

$$h_i(t+\Delta t)-h_i(t)=Gh_i(t,\Delta t)-Ph_i(t,\Delta t)$$
$$=\alpha\cdot\left[\sum_{j:v_jv_i\in E}\frac{h_j(t)}{d_j}-\tau_i h_i(t)\right]\cdot\Delta t \quad (1\text{-}6)$$

其中：

$$\tau_i=\begin{cases}0, & d_i=0\\1, & d_i>0\end{cases} \quad (1\text{-}7)$$

其中，τ_i 为 v_i 的热量转移标记。当 $d_i>0$ 时，$\tau_i=1$，表示 v_i 的热量可以通过出边散发出去。当 $d_i=0$ 时，$\tau_i=0$，表示 v_i 的热量没有转移通道。

通过求解该微分方程，可得

$$h(t)=\mathrm{e}^{\alpha tH}h(0) \quad (1\text{-}8)$$

其中，$\mathrm{e}^{\alpha tH}$ 为热量扩散核；e 为自然常数。

$$\mathrm{e}^{\alpha tH}=I+\alpha\cdot t\cdot H+\frac{\alpha^2\cdot t^2}{2!}H^2+\frac{\alpha^3\cdot t^3}{3!}H^3+\cdots$$

$$H_{ij}=\begin{cases}1/d_j, & \exists e_{v_jv_i}\in E\\-1, & i=j \text{ 且 } d_i>0\\0, & \text{其他}\end{cases} \quad (1\text{-}9)$$

以图 1-14 为例，设 v_2 为热源，初始热量值为 10，α 为 0.15，$\boldsymbol{h}(0)=[0,\ 10,\ 0,\ 0,\ 0,\ 0,\ 0]^{\mathrm{T}}$。各个节点在 0~10 的不同时刻的热量值可根据式（1-8）计算得出，如图 1-15 所示。从图中可看出，随着时间的流逝，热量逐渐从 v_2 转移到其他节点。

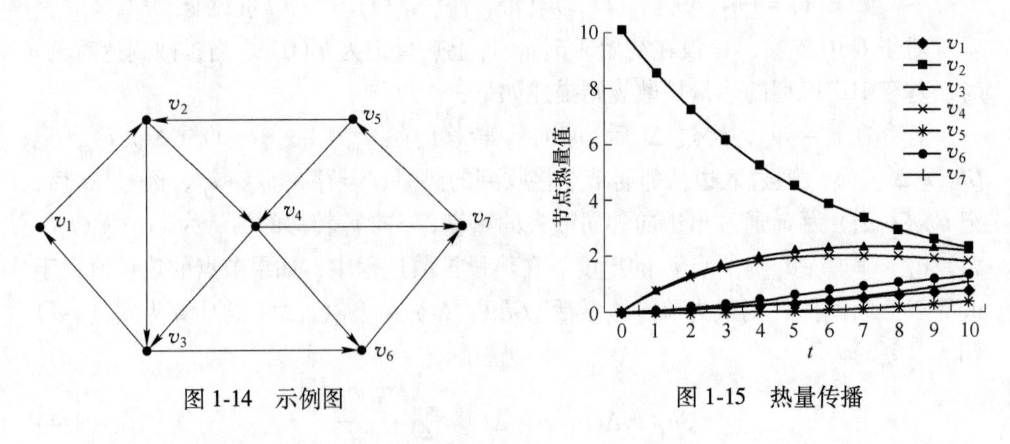

图 1-14　示例图　　　图 1-15　热量传播

根据式（1-9），可知此示例中的 $\boldsymbol{H}$ 为：

$$
\boldsymbol{H}=\begin{pmatrix}
-1 & 0 & 1/2 & 0 & 0 & 0 & 0 \\
1 & -1 & 0 & 0 & 1/2 & 0 & 0 \\
0 & 1/2 & -1 & 1/3 & 0 & 0 & 0 \\
0 & 1/2 & 0 & -1 & 1/2 & 0 & 0 \\
0 & 0 & 0 & 0 & -1 & 0 & 1 \\
0 & 0 & 1/2 & 1/3 & 0 & -1 & 0 \\
0 & 0 & 0 & 1/3 & 0 & 1 & -1
\end{pmatrix}
$$

1.2.4 传染病模型

在生活中，人们的生命经常受到各种传染病的威胁，如 2020 年初爆发的新冠肺炎、2002 年在中国广东发生的严重急性呼吸综合征。为预测传染变化趋势，揭示流行的规律和关键，更好指导传染病的预防和控制，人们很早就开始了传染病数学模型的相关研究，运用微分方程、动力系统等知识，研究传播速度、传播的范围、传播规律等问题。

在传染病流行过程中，人的状态可划分为四种：易感者（Susceptible，简称 S），暴露者（Exposed，简称 E），感染者（Infectious，简称 I），康复者（Recovered，简称 R）。其中，暴露者为与感染者接触过的人，但暂无传染性。传染病在体内具有一定的潜伏期。不同的流行病产生的状态也会不同，如感冒治好之后可能会再感染，艾滋感染者无法康复，麻疹患者康复之后有了抗体就不会再感染。基于病情的不同，人们进一步提出四种具体的传染病模型。这四种模型包含不同的状态，各个模型的状态及转化关系如图 1-16 所示。

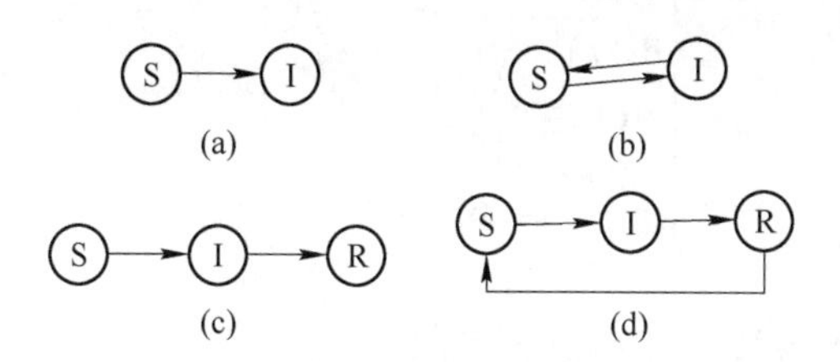

图 1-16 传染病模型

(a) SI; (b) SIS; (c) SIR; (d) SIRS

设 $s(t)$、$i(t)$、$r(t)$、$e(t)$ 分别表示时刻 t 下的易感个体所占的比率、已感个体所占的比率、康复个体所占的比率、暴露者所占的比率，α 为康复者变为易感者的概率，β 为已感者康复或变为易感状态的概率，γ 为易感者接触到感染者后被感染的概率。此外，在不考虑人口增加和死亡的前提下，处于不同状态下的个体累加值恒为最初的总人数 N。

1.2.4.1　SI 模型

在 SI 模型，人被分为易感者和已感者两种类型，对应的状态分别为 S 和 I。人开始的状态是易感者（S 状态），一旦被感染，其状态就变为感染者（I 状态），并一直保持。SI 模型的微分方程如下：

$$\begin{cases}\dfrac{\mathrm{d}s(t)}{\mathrm{d}t}=-\gamma i(t)s(t)\\\dfrac{\mathrm{d}i(t)}{\mathrm{d}t}=\gamma i(t)s(t)\end{cases}\tag{1-10}$$

1.2.4.2　SIS 模型

在 SIS 模型，感染者康复后会再次有可能被感染。SIS 模型的微分方程如下：

$$\begin{cases}\dfrac{\mathrm{d}s(t)}{\mathrm{d}t}=-\gamma s(t)i(t)+\beta i(t)\\\dfrac{\mathrm{d}i(t)}{\mathrm{d}t}=\gamma s(t)i(t)-\beta i(t)\end{cases}\tag{1-11}$$

1.2.4.3　SIR 模型

与 SI 模型不同的是，SIR 除了考虑疾病感染之外，还考虑了康复。在 SIR 模型中，人被分为易感者、感染者、康复者，对应的状态分别为 S、I 和 R。康复者具有免疫功能，其状态不能再转为感染者。SIR 模型的微分方程如下：

$$\begin{cases}\dfrac{\mathrm{d}s(t)}{\mathrm{d}t}=-\gamma s(t)i(t)\\\dfrac{\mathrm{d}i(t)}{\mathrm{d}t}=\gamma s(t)i(t)-\beta i(t)\\\dfrac{\mathrm{d}r(t)}{\mathrm{d}t}=\beta i(t)\end{cases}\tag{1-12}$$

1.2.4.4　SIRS 模型

在 SIRS 模型，人的状态和 SIR 一样，有易感者、已感者、康复者。不同于 SIR，康复者不具备免疫功能，可能会再次被感染。SIRS 模型的微分方程如下：

$$\begin{cases}\dfrac{\mathrm{d}s(t)}{\mathrm{d}t}=-\gamma i(t)s(t)+\alpha r(t)\\\dfrac{\mathrm{d}i(t)}{\mathrm{d}t}=\gamma i(t)s(t)-\beta i(t)\\\dfrac{\mathrm{d}r(t)}{\mathrm{d}t}=\beta i(t)-\alpha r(t)\end{cases}\tag{1-13}$$

在社交网络，信息传播与传染病传播类似，因此，传染病模型被延伸用以研究社交网络的消息传播，如文献［5，46，47］等。在真实的信息传播过程中，用户 u 激活其他用户的尝试失败之后，就可以认为 u 对其他的影响力可以忽略不计，相当于 u 已经康复，没有传染力。社交网络的这个信息传播特点与 SIR 模型比较吻合。

从上述的介绍可以看出，独立级联模型和 SIR 模型具有相同的传播特点，即感染过（激活过）的人不会再次被感染（激活）。

1.2.5 其他模型

揭示在线社交网络的信息传播机制是一个复杂、较难的问题，不同的学者提出了不同的观点。除了前面几节介绍的传播模型之外，还有一些其他的传播模型，包括上述几种模型的扩展。在本节中，简要介绍产品增长模型（Product Growth Model）、触发模型（Triggering Model）、递减级联模型、选举模型、博弈论模型、连续时间模型等几种模型。

1.2.5.1 产品增长模型

为提供一个新商品销售长期预测的方法，基于商品的采用者 adopter 受社交系统其他人的影响，Bass 提出商品增长模型，用 $P(T) = p + \vartheta Y(T)$ 描述用户购买商品的概率，其中，ϑ 为常数，$Y(T)$ 为 T 时刻前的购买者数量，p 为 $T = 0$ 时购买的概率。在商品增长模型（Product Growth Model）中，根据商品采用时间将商品采用者分为：（1）Innovators；（2）Early Adopters；（3）Early Majority；（4）Late Majority；（5）Laggard，其中，（2）和（5）被归为模仿者（Imitator）一类。

1.2.5.2 触发模型

在触发模型（Trigger Model）中，节点 v 根据邻居子集的分布独立选择随机的触发集 T_v。设 A 为最初的激活，假设非激活节点 v 的邻居 $u(u \in T_v)$ 在 $t-1$ 时刻被激活，则 v 的状态切换到激活。在独立级联模型中，节点的激活取决于影响的随机性，而在触发模型中，节点的激活取决于随机选出的触发点集合。从某种程度上说，触发模型是独立级联模型的推广。

1.2.5.3 递减级联模型（Decreasing Cascade Model）

通过前面的独立级联模型和线性模型的介绍可知：在独立级联模型中，节点 v 的邻居对 v 的影响是相互独立的；在线性阈值模型中，节点 v 的邻居对 v 的影响是累加的。与独立级联和线性阈值模型不同的是，在递减级联模型中，v 的邻居尝试激活 v 的概率随着 v 的邻居节点尝试激活 v 的失败次数增多而递减。设

$p_v(u, A(v))$ 表示 u 对 v 的影响概率，则

$$p_v(u, A(v)) \geqslant p_v(u, A'(v))$$

其中，$A(v) \subseteq A'(v)$，$A(v)$ 为 v 的邻居节点集且其中的节点已尝试激活 v 并失败，u 为 v 的邻居节点且尚未尝试激活 v。

1.2.5.4 加权级联模型（Weighted Cascade Model）

在加权级联模型中，假设 u、v 之间存在一条关系边，u 在第 i 轮被激活，则 u 有概率 $1/d_v$ 的可能激活 v。其中，d_v 表示 v 的度数。如果 v 有 l 个邻居节点在第 i 轮已激活，则 v 有概率 $1-(1-1/d_v)^l$ 的可能被激活。

1.2.5.5 信用分配模型（Credit Distribution Model）

在信息扩散中，如果用户 u 和 v 之间存在一条关系边，且 u 在 v 之前执行动作 a，则认为 v 有可能被 u 影响执行动作 a。基于这一认识，Amit Goya 充分利用已有的社交信息扩散历史记录，考虑到用户的影响随着时间的增加以指数的方式衰减，从数据的视角提出了 v 对 u 关于动作 a 的影响信用（influence credit）$\gamma_{v,u}(a)$ 的计算公式：

$$\gamma_{v,u}(a) = \frac{\text{infl}(u)}{N_{\text{in}}(u,a)} \cdot \exp\left(-\frac{t(u,a)-t(v,a)}{\tau_{v,u}}\right)$$

其中，$\tau_{v,u}$ 为从扩散信息到 u 的平均时间；$\text{infl}(u)$ 表示 u 受影响的概率；$N_{\text{in}}(u,a)$ 为已执行动作 a 且是 u 的邻居节点数量；$t(u,a)$ 表示 u 执行动作 a 的时间。

1.2.5.6 博弈论模型

博弈论也称对策论，是研究个体行为和优化策略的方法。在基于博弈论的社交网络信息传播模型中，每个用户在选择策略时考虑成本和收益，用户选择的策略被看作是目标利益最大化的结果。

在这里，策略分为传播和不传播，与前述信息传播模型的用户状态相对应，即激活和未激活。当用户选择某一条边成功传播时，表明边上的两个节点选择了传播策略，且各自利益最大化。

1.2.5.7 选举模型

选举模型是最基本的、自然的概率模型，用以描述社交网络的观点传播。其基本思想是在观点传播的每一步中，网络中每个人随机选择邻居，并采纳邻居的观点。选举模型属于统计物理模型，用以研究人收到不同信息时的反应及结果，和社交网络的信息传播类似。为适应包含正负关系的符号网络（Signed Networks），Yanhua Li 对选举模型进行拓展。在拓展的选举模型中，网络中每个节点持有相反

两个观点中的一个。在传播时刻 t 时，节点 u 以正比于边权值的概率随机选择出边邻居 v，并根据边（u，v）的正负关系确定 u 的观点。如果 u、v 之间的关系为正，则 u 选择 $t-1$ 时刻 u 的观点，否则选择与 $t-1$ 时刻 u 的相反观点。

除了上述较经典的影响传播模型及其扩展以外，影响传播建模的研究成果还有很多，在此不再赘述。

1.3 传播概率计算

当用户之间的影响规则确定之后，就面临用户间的影响概率如何估算的问题。在概率估算之前，可以利用的数据有图结构化的数据、级联数据。图结构化的数据能反映出用户间的关系。级联数据记录了信息传播的过程，从中能得出哪些用户参与信息的传播，哪些用户经常伴随出现，能反映出用户间影响强度，可以为用户间影响强度的学习提供依据。需要指出的是，用户之间的影响概率与话题也是密切相关的，相关的方法本节就不详述。

从数据使用的角度看，用户间的影响概率计算方法可分为 4 类：

（1）将用户间的影响设为一个 0~1 之间的固定概率值或随机值。这种方法最简单，没有利用图结构的数据、级联数据。

（2）基于图的结构信息估算用户之间的影响概率，如无向图边（u,v）的影响概率 $p_{u,v} = 1/d_u$，即 u 的度数的倒数。

（3）基于级联信息估算用户之间的影响概率，如将 v 转发 u 发布的信息条数比视为影响概率，$p_{u,v} = l_{vu}/m_u$（l_{vu} 表示 v 转发 u 发布的信息条数，m_u 表示 u 发布的信息条数）。

（4）基于图结构和级联数据的混合计算方法，如文献［37，42］。

近几年，表示学习被应用于社交网络的信息传播研究，并取得了一些成果。表示学习可以将研究对象映射到低维空间，能自动学习有用的特征，得到表示对象的嵌入向量。这为估算用户间的影响概率提供了另一种思路。从研究对象的角度看，已有的概率计算方法分为基于节点隐空间向量表示的概率计算、基于边概率的计算。下面以研究对象为主线，以使用数据为辅线，介绍几种代表性方法。这几种方法的特点见表 1-2。

表 1-2 代表性方法

数据形式	方法	学习对象
级联数据	参考文献［38］	学习用户之间的传播概率
	参考文献［41］	学习用户的向量表示
图结构化的数据和级联数据	参考文献［37］	学习用户之间的传播概率
	参考文献［42］	学习用户的向量表示

1.3.1 基于边影响概率的计算

2008 年，Saito 提出基于独立级联模型的边概率计算方法。该方法的基本思想是根据网络图和级联数据，计算活边和非活边都发生的概率，继而设计目标优化函数。

定义 1-5 节点 u 的孩子节点。$F(u)$ 为 u 通过有向边指向的邻接节点 v，$F(u)=\{u:(u,v)\in E\}$。

定义 1-6 节点 v 的父节点。$B(v)$ 为 u 通过有向边指向 v 的邻接节点 u，$B(v)=\{u:(u,v)\in E\}$。

设 $D(t)$ 表示 t 时刻激活的节点，$D(0)$ 表示初始激活节点集，即信息源。令信息传播片段（Information Diffusion Episode）D 为在不同时刻被激活的节点并集，即 $D=D(0)\cup D(1)\cup\cdots\cup D(t)$。根据 IC 思想，对于 $u\in D(t)$，$v\in D(t+1)$，在 u 和 v 之间存在一条连接边，则 $t+1$ 时刻 v 被激活的概率为

$$P_v(t+1)=1-\prod_{u\in B(v)\cap D(t)}(1-p_{u,v}) \tag{1-14}$$

令 $C(t)$ 表示 t 时刻及之前激活的节点，即 $C(t)=\cup_{\tau\leqslant t}D(\tau)$。在这种情况下，设 $u\in D(t)$，$v\notin C(t+1)$，且 $(u,v)\in E$，则表明 v 激活 w 的尝试失败。

基于上述分析，可得出 D 发生的概率：

$$L(p;D)=\left(\prod_{t=0}^{T-1}\prod_{v\in D(t+1)}P_v(t+1)\right)\left(\prod_{t=0}^{T-1}\prod_{u\in D(t)}\prod_{v\in F(u)\setminus C(t+1)}(1-p_{u,v})\right) \tag{1-15}$$

其中，$p=\{p_{vw}\}$。式子的右边等式的前半部分表示 $t+1$ 时刻 v 被激活的概率，后半部分表示 $t+1$ 时刻 v 未被激活的概率。

令 D_s 表示第 s 个信息传播片段（s 为正整数，$1\leqslant s\leqslant S$），则所有信息传播片段都发生的概率函数为

$$L(p)=\sum_{s=1}^{s=S}\log_e L(p,D_s)=\sum_{s=1}^{s=S}\sum_{t=0}^{T_s-1}\left(\sum_{v\in D_s(t+1)}\log_e P_v^{(s)}+\sum_{u\in D_s(t)}\sum_{v\in F(u)\setminus C_s(t+1)}\log_e(1-p_{u,v})\right) \tag{1-16}$$

$$P_w^{(s)}=1-\prod_{u\in B(v)\cap D_s(t_v^{(s)}-1)}(1-p_{u,v}) \tag{1-17}$$

其中，$P_v^{(s)}$ 表示 v 在信息传播事件 D_s 的 $t_v^{(s)}$ 时刻被激活的概率；T_s 表示第 s 个信息传播片段最大的传播时刻。

对于信息传播来说，实际的传播事件表示其发生的概率最大。此时，概率 p 的求解可以转化为求解式（1-16）的最大化问题。

为求解式（1-16）的最大化问题，Kazumi Saito 用期望最大化（Expectation

Maximization，EM）求解。当 $u \in D_s(t)$，$v \in D_s(t+1)$，u 通过边（u,v）激活 v 成功的概率为 $\hat{p}_{u,v}/\hat{P}_v^{(s)}$。其中，$\hat{p}_{u,v}$ 为 $p_{u,v}$ 的当前估计值。

$$Q(p|\hat{p}) = \sum_{s=1}^{S}\sum_{t=0}^{T_s-1}\sum_{v \in D_s(t)}\Bigg(\sum_{w \in F(v)\cap D_s(t+1)}\left(\frac{\hat{p}_{v,w}}{\hat{P}_w^{(s)}}\log_e p_{v,w} + \left(1-\frac{\hat{p}_{v,w}}{\hat{P}_w^{(s)}}\right)\log_e(1-p_{v,w})\right) + \sum_{w \in F(v)\setminus C_s(t+1)}\log_e(1-p_{v,w})\Bigg) \tag{1-18}$$

通过对 $p_{u,v}$ 最优偏导求解 $\partial Q/\partial p_{u,v} = 0$，得

$$p_{u,v} = \frac{1}{|S_{u,v}^{+}| + |S_{u,v}^{-}|}\sum_{s \in S_{u,v}^{+}}\frac{\hat{p}_{u,v}}{\hat{P}_v^{(s)}} \tag{1-19}$$

其中，$S_{u,v}^{+}$ 表示一组信息传播片段（Episodes），对于 $D_s \in S_{u,v}^{+}$，满足以下条件：$u \in D_s(t)$，$v \in D_s(t+1)$。对于 $D_s \in S_{u,v}^{-}$，满足以下条件：$u \in D_s(t)$，$v \notin D_s(t+1)$。$p_{u,v}$ 的求解就是基于式（1-19）重复更新 $p_{u,v}$，直至收敛。

1.3.2 基于节点隐空间向量表示的计算

1.3.2.1 基于级联数据的概率计算

A 发生概率最大化

在很多场景中，用户获取信息的途径有很多，难以确认用户之间的影响关系，而且捕捉的社交网络关系存在不完整、不相关（Irrelevant）的现象。2016年，Simon 等人提出一种基于嵌入式级联模型的节点表示学习方法，用向量刻画用户，设计信息传播片段 D_i 发生的概率最大化目标函数，从而求解用户特征向量，具体方法如下：

设 $D_i = \{(u, t^{D_i}(u)) | u \in U \wedge t^{D_i} < \infty\}$，其中，$t^{D_i}(u)$ 为传播片段 D_i 中的 u 被感染的时间邮戳，U 表示所有的用户。令 $D_i(t) = \{u \in V | t^{D_i}(u) < t\}$ 表示 t 时刻前参与传播第 i 个信息的用户，即被感染的用户。$\bar{D}_i(t)$ 表示 t 时刻没有被感染的用户，$D_i(\infty)$ 表示传播片段 D_i 中最终所有被感染的用户。

假定 D_i 已被感染的节点集 Γ（$\Gamma \subseteq U$），则用户 v（$v \in U \setminus \Gamma$）发生的概率为：

$$P(v|\Gamma) = 1 - \prod_{u \in \Gamma}(1 - P_{u,v}) \tag{1-20}$$

$$P_{u,v} = f(z_u, w_v) \tag{1-21}$$

$$f(z_u, w_v) = \frac{1}{1 + \exp(z_u^{(0)} + w_v^{(0)} + \sum_{i=1}^{d-1}(z_u^{(i)} - w_v^{(i)})^2)} \tag{1-22}$$

其中，$P_{u,v}$ 表示用户 u 传播到用户 v 的概率；z_u、w_v 为用户 u、用户 v 的嵌入式向

量表示；x^i 表示向量 $\boldsymbol{x}$ 的第 i 个元素；d 表示向量的维度。

给定 D_i 已被感染的节点集 Γ，D_i 的信息传播序列发生的概率如下：

$$P(D_i) = \prod_{v \in D_i(\infty)} P_v^{D_i} \prod_{v \in \bar{D}_i(\infty)} (1 - P_v^{D_i}) \tag{1-23}$$

给上式两边加 lg 函数，上式变成：

$$L(P;D) = \sum_{D_i \in D} \left(\sum_{v \in D_i(\infty)} \log_e(P_v^{D_i}) + \sum_{v \in \bar{D}_i(\infty)} \log_e(1 - P_v^{D_i}) \right) \tag{1-24}$$

为便于求解，使用期望最大化方法。

$$Q(P|\hat{P}) = \sum_{D_i \in D} \left(\Phi^{D_i}(P|\hat{P}) + \sum_{v \in D_i(\infty)} \sum_{u \in \bar{D}_i(\infty)} \log_e(1 - P_{u,v}) \right) \tag{1-25}$$

$$\Phi^{D_i}(P|\hat{P}) = \sum_{v \in D_i(\infty)} \sum_{u \in D_i(t^{D_i(v)})} \frac{\hat{P}_{u,v}}{\hat{P}_v^{D_i}} \log_e(P_{u,v}) + \left(1 - \frac{\hat{P}_{u,v}}{\hat{P}_v^{D_i}}\right) \log_e(1 - P_{u,v}) \tag{1-26}$$

其中，$Q(P|\hat{P})$ 表示传播片段 D_i 在当前估算概率 $\hat{P}$ 的估计值，$P_v^{D_i}$ 可由式（1-20）计算。

B　热量损失目标函数优化

基于图结构的方法都是基于信息是通过用户之间的连接边传递的假设，而实际的信息传播过程是复杂的，用户之间的影响难以侦测和量化。于是，2014 年，Simon 等人提出了一种解决方案，把在线社交网络的信息传播看作在图或近似结构上的传播，将观察到的信息传播的时空动态性映射到连续空间。把参与传播的节点映射到隐表示空间。此外，Simon 基于热量传播模型，设计了信息传播核，继而提出热量损失目标函数最小化优化。具体方法如下。

给定社交网络的用户 $U = \{u_1, u_2, \cdots, u_N\}$，其中，$N$ 为用户数量。设 U^{D_i} 为 D_i 中包含的用户，$\bar{U}^{D_i}$ 为 D_i 中不包含的用户，即未参与 D_i 的信息传播。$t^{D_i}(u_j)$ 为 u_j 在 D_i 中参与传播的时间邮戳（$u_j \in U^{D_i}$），$Z = (z_{u_1}, \cdots, z_{u_N})$。信息扩散核如下：

$$K_Z(t, s^{D_i}, u_j) = (4\pi t)^{\frac{-n}{2}} e^{-\| z_{s^{D_i}} - z_{u_i} \|^2 / 4t} \tag{1-27}$$

其中，n 为潜在空间（Latent Space）维度，t 为时间；$s^{D_i} \in U$ 表示为级联 D_i 的信息源，即第一个发布信息的用户，信息形式可能是图片、新闻或评论等；z_x 为用户 x 在潜在空间的向量表示。

信息扩散问题可以看作寻找热量损失最小的传播路径去传播的最优目标问题。

$$Z^* = \arg\min_Z L(Z) = \arg\min_Z \sum_{D_i \in D} \Delta(K_Z(\cdot, s^{D_i}, \cdot), D_i)$$

基于热量在传播过程中逐渐损失的事实，可以得出以下两个结论：

(1) $u \in U^{D_i}$, $v \in U^{D_i}$, $t^{D_i}(u) < t^{D_i}(v)$, $K(t, s^{D_i}, u) > K(t, s^{D_i}, v)$。

(2) $u \in U^{D_i}$, $v \notin U^{D_i}$, $K(t, s^{D_i}, u) > K(t, s^{D_i}, v)$。

根据等式（1-27），构造如下约束：

(1) $\forall (u, v) \in U^{D_i} \times U^{D_i}$, $t^{D_i}(u) < t^{D_i}(v)$, 则 $\| z_{s^{D_i}} - z_u \|^2 < \| z_{s^{D_i}} - z_v \|^2$。

(2) $\forall (u, v) \in U^{D_i} \times \bar{U}^{D_i}$, 则 $\| z_{s^{D_i}} - z_u \|^2 < \| z_{s^{D_i}} - z_v \|^2$。

根据上述约束，使用经典的铰链损失（Hinge Loss）函数来构造目标函数。

$$\Delta_{\text{rank}}(K(\cdot, s^{D_i}, \cdot), D_i) = \sum_{\substack{u,v \in U^{D_i} \times U^{D_i} \\ t^{D_i}(u) < t^{D_i}(v)}} \max(0, 1 - (\| z_{s^{D_i}} - z_v \|^2 - \| z_{s^{D_i}} - z_u \|^2)) + \sum_{u,v \in U^{D_i} \times \bar{U}^{D_i}} \max(0, 1 - (\| z_{s^{D_i}} - z_v \|^2 - \| z_{s^{D_i}} - z_u \|^2)) \tag{1-28}$$

至此，得出训练目标函数为：

$$L_{\text{rank}}(z) = \sum_{D_i \in D} \Delta_{\text{rank}}(K(\cdot, s^{D_i}, \cdot), D_i) \tag{1-29}$$

1.3.2.2 基于级联数据和图结构的概率计算

2018 年，Feng Shanshan 提出社交影响嵌入方法 Inf2vec（Influence-to-vector），将节点用低维空间的向量表示，综合节点的局部的影响和全局的节点相似度来学习节点的向量表示。

传播行为日志记录了用户 u 在时刻 t_u^i 参与传播信息条目（Item）i，可用三元组 $\Lambda = (u, i, t_u^i)$ 表示，其中，t_u^i 表示用户 u 传播信息 i 的时刻。令 $D_i = \{(u, t_u^i)\}$ 表示每个信息条目 i 的传播片段，包括了传播 i 的用户和用户传播时刻的信息。

在介绍该方法之前，先给出两个假设：

(1) 假如 u 传播信息 i 在 v 之前，且 u 和 v 之间存在有向边，则认为 u 对 v 有影响。

(2) 对于传播信息 i 的用户 u 和 v 来说，则 u 和 v 有相同的兴趣。

定义 1-7 社交影响对（Social Influence Pair）。假如 D_i 有两个用户 u 和 v，$(u, v) \in E$ ，且 $t_u^i < t_v^i$ ，则信息传播片段（Diffusion Episode）D_i 存在社交影响对，即 u 对 v 有影响。

在信息传播过程中，节点扮演信息发送者和信息接收者两种角色，节点 u 对 v 和节点 v 对 u 的影响不具备对称性。因此，用 S_u 、T_u（d 维空间向量，$\boldsymbol{S}_u \in R^d$ ，$\boldsymbol{T}_u \in R^d$ ）两个隐向量分别表示 u 发送者角色特征和接收者角色特征。

A　局部影响上下文（Local Influence Context）

设有社交影响对 $u_1 \to u_2$（u_1 和 u_2 之间存在有向边）、$u_2 \to u_3$（u_2 和 u_3 之间存在有向边），可以推出 u_1 间接影响 u_3。

定义 1-8　影响传播网络。给定图 G 和传播片段 D_i，影响传播网络 $G_i = (V_i, E_i)$ 为图 G 和 D_i 的结合。

(1) $V_i \subseteq V$，$E_i \subseteq E$。

(2) 假如 $(u, v) \in E_i$，则在 D_i 中存在社交影响对 $u \to v$。

图 1-17 所示为影响传播网络的示例图。在图 1-17 中，图的右侧 G_i 为左侧图 G 和级联片段 D_i 的结合。

令 C_u^i 表示 u 的影响上下文，即 u 在 D_i 可能影响到的其他用户。计算 C_u^i 的方法是随机选择 u 的邻居 v，然后再随机选择 v 的邻居，如此重复至 L_θ 次，得到的一系列节点便是 u 的影响上下文。

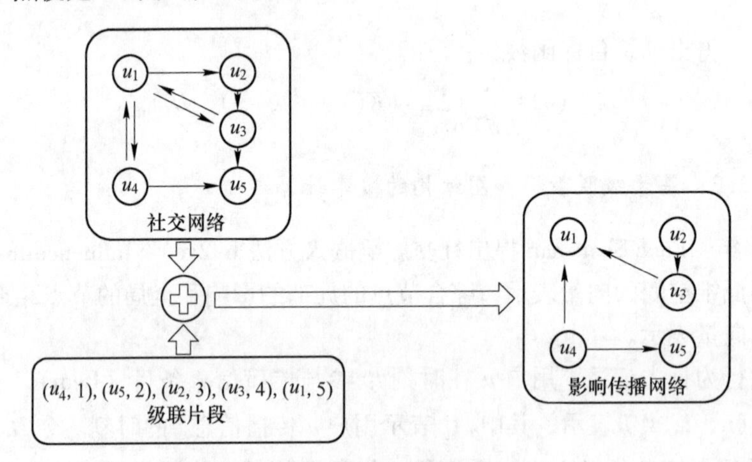

图 1-17　影响传播网络

B　全局用户相似上下文（Global User Similarity Context）

考虑用户的偏好，相似的用户可能会有相同的行为。基于此认识，给定 G_i 中的 u，在 G_i 中随机采样 L'_θ 个节点，这些节点便组成全局用户相似上下文 C_u^i，在一定程度上反映了全局上下文。

令 C_u^i 为 u 的影响上下文（u 的局部影响上下文和全局用户相似上下文的并集），u 对 C_u^i 的节点影响计算如下：

$$\Pr(C_u^i \mid u) = \prod_{v \in C_u^i} \Pr(v \mid u) \tag{1-30}$$

对于 $D = \{D_i\}$ 来说，D 中所有节点对其影响上下文的影响概率计算如下：

$$O = \sum_{D_i \in D} \sum_{(u,\ C_u^i) \in P_{D_i}} \sum_{v \in C_u^i} \log_e \Pr(v \mid u) \tag{1-31}$$

$$\Pr(v|u) = \mathrm{e}^{(\boldsymbol{S}_u \cdot \boldsymbol{T}_v + b_u + \bar{b}_v)} / Z(u) \tag{1-32}$$

$$Z(u) = \sum_{w \in V} \mathrm{e}^{(\boldsymbol{S}_u \cdot \boldsymbol{T}_w + b_u + \bar{b}_w)} \tag{1-33}$$

为提高计算效率，采用广泛用于 softmax 函数的负采样（Negative Sampling）方法来近似求解 $\Pr(v|u)$：

$$\log_{\mathrm{e}} \Pr(v|u) \approx \log_{\mathrm{e}} \sigma(z_v) + \sum_{w \in N} \log_{\mathrm{e}} \sigma(-z_w) \tag{1-34}$$

其中，$z_v = (\boldsymbol{S}_u \cdot \boldsymbol{T}_v + b_u + \bar{b}_v)$，$z_w = (\boldsymbol{S}_u \cdot \boldsymbol{T}_w + b_u + \bar{b}_w)$，$\sigma(x) = 1/(1 + \exp(-x))$。

基于式（1-34），运用随机梯度下降法更新参数直至收敛：

$$\frac{\partial}{\partial \boldsymbol{S}_u} = (1 - \sigma(z_v)) \cdot \boldsymbol{T}_v + \sum_{w \in N} (-\sigma(z_w)) \cdot \boldsymbol{T}_w \tag{1-35}$$

$$\frac{\partial}{\partial \boldsymbol{T}_v} = (1 - \sigma(z_v)) \cdot \boldsymbol{S}_u \tag{1-36}$$

$$\frac{\partial}{\partial \boldsymbol{T}_w} = (-\sigma(z_w)) \cdot \boldsymbol{S}_u \tag{1-37}$$

$$\frac{\partial}{\partial b_u} = (1 - \sigma(z_v)) + \sum_{w \in N} (-\sigma(z_w)) \tag{1-38}$$

$$\frac{\partial}{\partial \bar{b}_v} = 1 - \sigma(z_v) \tag{1-39}$$

$$\frac{\partial}{\partial \bar{b}_w} = -\sigma(z_w) \tag{1-40}$$

至此，当计算出上述参数之后，根据式（1-32），用户之间的传播概率也就可以计算出来了。

1.4 本章小结

本章介绍了数据获取途径、复杂网络的可视化分析以及传播模型和概率计算，对网络分析的基础工作有了基本的认知。介绍的 IC、LT 等社交网络传播模型的传播机制各异，体现在传播路径、激活规则等方面的不同。尽管如此，但不难看出，大部分存在共性：

（1）一旦节点被激活，则其状态由“未激活”转变为“激活”，这个转变过程是不可逆的。

（2）当节点在时刻 t 被激活，则该节点具有信息传播能力，即具有传染性，

在 t 之后的未来时间有机会去影响其他未激活的节点。

对于节点之间的影响概率计算，已有的方法除了利用的数据形式不同之外，设计的目标函数也相异。同时也发现，目标函数的设计思路都是以级联包含的动作事件整体发生的目标优化问题，如发生概率的最大化、热量损失的最小化。

2 面向局部信息的影响力计算

2.1 引言

以网络图结构形式来模拟信息传播是研究信息传播的一个主要方向和热点。对于社交网络图来说，用户影响力的估算问题可以看成是图中节点可能达到的节点数量，是信息扩散能力的一种体现。围绕可达问题，不同学者在前一章所述的信息传播模型和传播概率计算基础上，提出了不同的见解。已有的一些研究主要分为：统计、仿真和结构特征。其中，基于统计的方法主要思想是根据用户在社交平台的活跃程度、发帖数量和帖子被关注的比率等作为影响力计算的依据。

基于仿真的方法主要思想是基于蒙特卡洛模拟信息扩散获取节点的可达节点数量。2003 年，Kempe 等人计算节点平均可达节点数量，并据此计算出节点影响力，并开创性地使用贪心近似算法解决 InfM（Influence Maximization）影响最大化问题。基于仿真的方法在影响最大化问题的应用可以视为贪心算法。该 InfM 求解方法在理论上可保证求解精度具有（1-1/e）的近似下限，但具有时耗过长、计算代价高昂的不足。以一万个节点的图数据为例，使用贪心算法挖掘 50 个高影响力的种子节点，重复 2000 多次的蒙特卡洛模拟仿真需耗时几天。针对于仿真的不足，很多优化工作一直在进行中，如 CELF（Cost Effective Lazy Forward）、CELF++、RRS（Reverse Reachable Set）、IMM（Influence Maximization via Martingales）等。在同规模数据实验中，CELF 和 CELF++比原始的贪心算法在效率方面分别提高了 700 倍和 1000 倍以上。2014 年，Borgs 等人从蒙特卡洛过程对算法加以优化，利用反向可达集估算节点影响力。2015 年，Tang 等人在 Borgs 等人工作的基础上，提出了 IMM 算法。

基于结构特征的方法主要思路是依据节点在图中与其他节点的连接情况来计算节点的影响力。该类方法的特点是：常见的影响力评价指标有度中心性（Degree Centrality）、介数中心性（Betweenness）、接近中心性（Closeness）、特征向量中心性、PageRank（Eigenvector）、k-shell 中心性、h-index 指标、三元闭包中心性，以及一些经典中心性指标的混合评价指标。此外，还有一些基于随机游走的个体影响力计算方法，如 HITS、PageRank。上述挖掘高影响力节点的个体中心性方法是微观的，社团（Community）中心性的挖掘方法是宏观的。社团是社交网络的子图，其内部连接紧密，属于社交网络的组成部分。信息的高效传播总是在“小圈子”“小团体”内发生，因此，部分研究者通过社团发现方法挖掘高影响力的个体，并应用于求解 InfM 问题。基于结构特征的方法在影响最大化问题的应用可以视为启发式算法。

定义 2-1 给定一个网络 $G = (V,E)$ 、一个传播模型和一个预算 k ，找到一个种子集 S^* 且集合 S^* 中有 k 个节点，使得被集合 S^* 中节点所影响的节点数量最多。即

$$S^* = \underset{S\subseteq V,\ |S|=k}{\operatorname{argmax}}\,\sigma(S) \tag{2-1}$$

在式（2-1）中，V 是包含网络中所有节点的集合；$\sigma(\cdot)$ 为计算影响传播范围的函数，它的参数是节点或者节点集。

社交网络的结构十分复杂，针对于基于结构特征的方法，研究者们提出的结构信息可进一步分为局部信息和全局信息。本章主要介绍两种面向局部信息的影响力计算方法及在影响最大化问题的应用。

2.2 基于两阶段启发的影响力计算方法

2.2.1 算法设计

度数大的节点大多数情况下都处于网络的中心。在现有的启发式策略中，度数启发式策略的效率是最优的。但度数只是一个局部最优的表现，没有考虑到网络的整体结构，因而获得的影响效果较差且不稳定。影响力大的节点在网络中也往往处于中心地位。度数最大的节点拥有较大的影响力，但并不一定具有最大的影响力。因为节点的影响力是基于全局的而度数只是局部的。以图 2-1 所示的简单网络为例，图中度数最大的节点是 v_1，但影响力最大的节点却是 v_4。

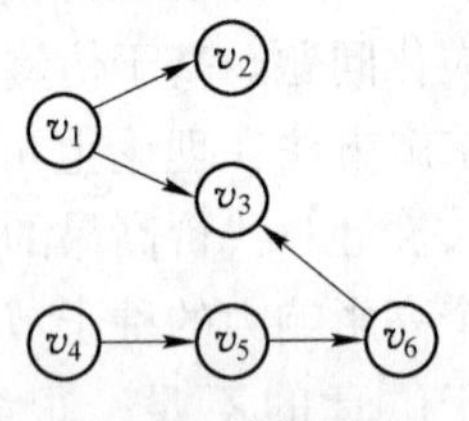

图 2-1 简单网络

综合考虑网络中节点的度中心性和影响力中心性的优势，本书利用 LT（Linear Threshold，线性阈值）模型能够将节点的影响力积累的特性，提出 DIH（Degree and Influence Heuristic）算法。该算法将整个影响最大化过程分为两个启发阶段：度折启发阶段，影响力启发阶段。在度折启发阶段中，以“度数”为中心快速激活节点，并将激活失败时产生的影响力累积。在影响力启发阶段中，以“影响力”为中心，将度折启发阶段积累的影响力爆发，激活更多的节点。之所以将度和影响力分为两阶段启发而不是整合度和影响力进行启发式计算，是因为在度折启发过程中，处于激活状态的节点因激活失败而产生的影响力会被存储下来，从而提升影响力在网络中的中心性。因 DegreeDiscount 算法较 Degree 算法能够获得更好的影响效果，且效率只是稍逊，所以将 DegreeDiscount 算法中的“度折策略”作为第一启发阶段的启发策略。由于 LT 模型的特性，算法在完成

度折启发阶段后，会将“遗留的影响力”积累起来。为了能够更好地利用这些影响力，本书在算法的第二阶段提出一种新的影响力启发方法。

在 DIH 算法中，将 k 个种子节点分成两个启发式阶段进行选取，在度折启发式阶段选取 k_1 个“度数最大”的节点作为种子节点。在影响力启发式阶段选取 k_2 个影响力最大的启发式节点作为种子节点。其中，$k_1 = \lceil \alpha k \rceil$，$k_2 = k - k_1$。启发因子 α 的值在 (0，1) 之间，这是一个经验值，这个值会在后续的实验中给出。DIH 算法伪代码如算法 2-1 所示。

算法 2-1：DIH(G = (V, E), θ, k, α)

```
   Input: G: a social graph, θ: the threshold of nodes, k: the number of seed nodes, α: the heuristic factor
   Output: inf: actived node set
1  Initialize S=∅, Inf=∅, k1 = ⌈αk⌉, k2=k−k1, tv=0;
2  for each node v∈V do
3  |    dv^out = CC(v);
4  |    ddv = dv^out;
5  end
6  for i=1 to k1 do
7  |    w=argmax {ddv | v∈V/S};
8  |    S=S∪w;
9  |    Inf=Inf∪w;
10 |    for each node v∈V/S do
11 |    |    for each node w1, w1∈N(v) do
12 |    |    |    if w1∈S then
13 |    |    |    |    tv=tv+1;
14 |    |    |    end
15 |    |    end
16 |    |    ddv = dv^out−2tv−(dv^out−tv)tv b(w1, v);
17 |    |    tv=0;
18 |    end
19 end
20 Inf=Active(S);
21 Refresh I(v);
22 Initialize S=∅;
23 for each node v∈V/Inf do
24 |    SInflu(v) = CI(v);
25 end
26 for i=1 to k2 do
27 |    w=argmax {SInflu(v)}, v∈V/(S∪Inf);
28 |    S=S∪w;
29 |    Inf=Inf∪w;
30 end
31 Inf+Active(S);
```

其中，S 表示种子节点集；t_v 表示节点 v 的状态为激活的邻居个数；函数 $CC(v)$ 用来计算节点 v 的出度。

在 DIH 算法伪代码中，第 2~5 行计算各节点的出度并保存。第 6~20 行为算法的第一阶段“度折启发”，其中，第 6~19 行对节点进行度折计算，并将找到的 k_1 个种子节点加入到激活节点集 A 中；第 20 行的 Active(S) 函数用来将种子节点集在 LT 模型下对未激活状态的节点进行激活，并将被激活的节点加入 A 中。第 21 行利用 $I(v)$ 更新处于未激活状态的节点受到的影响力，将度折启发阶段中因激活失败而产生的影响力积累起来。第 23~31 行为算法的影响力启发阶段，其中，第 23~25 行运用 CI(v) 函数计算处于未激活状态节点的影响力，其具体计算方法将在下一小节中详细介绍；第 26~30 行选取影响力最大的 k_2 个节点加入种子集，并将种子节点加入激活节点集 A 中。第 31 行利用种子节点去激活其他处于未激活状态的节点，并将状态为激活的节点加入 A 中。

2.2.2　节点的影响力评估

定义 2-2　节点的影响力 *SInflu* 是指节点对同一网络中的所有其他节点产生影响的量值。

定义 2-3　节点间的距离 D 是指两个节点间路径的长度。

假设节点 v 的直接邻居与 v 的距离为 1，则 v 与直接邻居的邻居的距离为 2，以此类推，节点 v 和节点 w 间的距离用 $D_{v,w}$（或 $D_{w,v}$）表示。

在 DIH 算法中节点 v 对 w 要产生影响，需满足一个条件：节点 $v \rightarrow w$ 路径中所有节点所受的影响力不小于本身的阈值。

假设节点 v 对单个节点的影响力用 $influ(v)$ 表示，节点 v 对自身不产生影响力，节点 v 对直接邻居的影响力定义为 $influ_1(v)$，节点 v 对与其距离为 D 的节点的影响力为 $influ_D(v)$。节点 v 对与其距离为 D 的节点的影响力可用下式表示：

$$influ_D(v) = \begin{cases} b(u,w) + b(s,w), & \text{当} \dfrac{b(u,w)}{\theta_w} \geqslant 1 \\ 0, & \text{否则} \end{cases} \tag{2-2}$$

其中，$b(u,w)$ 表示节点 u 和 w 之间的影响力，$u \in (H_{D-1}(v) \cap N(w))$，$w \in H_D(v)$，$u$，$w \notin A$。$b(s,w)$ 表示度折启发阶段积累的影响力，$s \in N(w)$ 且 $s \in A$，$s \notin H_{D-1}(v)$。

由式（2-2）可以得出，节点对与其距离为 D 的所有节点的影响力之和 $Influ_D(v)$ 为：

$$Influ_D(v) = \sum influ_D(v) \tag{2-3}$$

同理，由式（2-3）可以得出，节点 v 在整个网络的影响力 $SInflu(v)$ 为：

$$SInflu(v)=\sum_{D=1} Influ_D(v) \tag{2-4}$$

定义 2-4 由于节点间的影响力随着距离增长而减弱，所以节点只会在一定的范围内产生影响。在 DIH 算法中节点间能够产生影响的最大距离用 $D_{\max}$ 表示，一旦超过这个阈值，双方之间就不再产生影响。

在 DIH 算法中，$D_{\max}$ 每增加 1，如，$D_{\max}$ 由 1 变成 2，算法的时间复杂度就会至少增 $O(n\times\max(d^{out}))$，其中，n 为图的节点数。不仅如此，当节点间的距离超过 2 时，节点间就有可能产生回路。这时在计算节点的影响力前，必须将整个网络进行去除回路的处理，否则，就会导致节点间的影响力被重复计算，同样这也增加了算法的复杂度。为保证算法的效率，DIH 算法将节点间的最大距离 $D_{\max}$ 定义为 2，即，$D_{\max}=2$。因此，节点 v 对整个网络的影响力 $SInflu(v)$ 可近似计算为：

$$SInflu=\sum_{D=1}^{D_{\max}} Influ_D(v) \tag{2-5}$$

为了更好地理解本书提出的节点影响力计算方法，以图 2-2 的网络来演示节点影响力的计算过程。其中，矩形表示处于激活状态的节点，椭圆为未激活，边表示节点间的影响力。在本例中，将每个节点的阈值定义为 $\theta=0.5$，节点受到邻居的影响力为节点入度的倒数。从图中可看出，节点 v_7 处于激活状态（假设 v_7 为度折启发阶段被激活的节点），其他节点都处于未激活状态。在这里以计算节点 v_1 的影响力为例进行阐述。

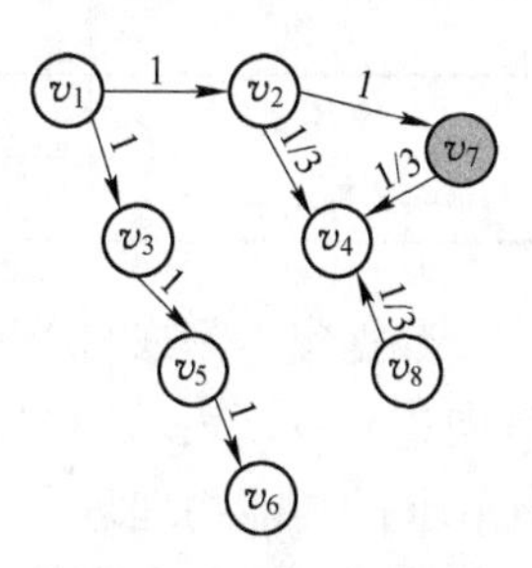

图 2-2 小型网络

利用式（2-2），可得节点 v_1 对它的直接邻居（与 v_1 距离为 1 的节点）v_2 和 v_3 产生的影响力分别为：

$$\underset{v_1\to v_2}{influ_1(v_1)}=\underset{v_1\to v_2}{b(v_1,\ v_2)}=1 \tag{2-6}$$

$$\underset{v_1\to v_3}{influ_1(v_1)}=\underset{v_1\to v_3}{b(v_1,\ v_3)}=1 \tag{2-7}$$

利用式（2-3），可得 v_1 对与其距离为 1 的所有节点的影响力之和：

$$Influ_1(v_1)=\underset{v_1\to v_2}{influ_1(v_1)}+\underset{v_1\to v_3}{influ_1(v_1)}=2 \tag{2-8}$$

同理可得，v_1 对与其距离为 2 的所有节点的影响力之和：

$$Influ_2(v_1)=\underset{v_1\to v_4}{influ_2(v_1)}+\underset{v_1\to v_5}{influ_2(v_1)}=\frac{5}{3} \tag{2-9}$$

因为节点 v_6 与 v_1 的距离 D_{v_1,v_6}（$D_{v_1,v_6}=3$）大于 $D_{\max}$（$D_{\max}=2$），所以节点 v_1 对 v_6 不产生影响。节点 v_7 处于激活状态，因为激活节点只能被激活一次，所以节点 v_1 对 v_7 的影响力不被计算在内。节点 v_1 至 v_8 之间没有路径，所以，节点 v_1 对 v_8 不产生影响。

综上，节点 v_1 在该小型网络图中的影响力为

$$SInflu(v_1) = \sum_{D=1}^{2} Influ_D(v_1) = \frac{11}{3} \tag{2-10}$$

2.2.3　实验环境及数据

为了验证实验的有效性，本节选取了 3 个真实的网络数据集进行仿真，它们均来源于 Stanford Network Analysis Platform（http：//snap.stanford.edu/index.html）。具体的数据信息见表 2-1。

表 2-1　实验数据集

项　目	数据集 1	数据集 2	数据集 3
数据名称	Wikipedia	HepTh	AstroPh
节点数	7115	9877	18872
边数	103689	25998	396160
平均度	14.994	1.5120	2.0404
平均聚类系数	0.1409	0.4714	0.6306

数据集 1 是来自 Wikipedia 的投票历史网络，其中节点表示 Wikipedia 用户，有向边 $v \to w$ 表示用户 v 将选票投给 w，这是一个有向网络。数据集 2 是来自 HepTh 的高能物理理论合作者网络，节点代表作者，边表示两个作者间存在合作，这是一个无向网络。数据集 3 是来自 AstroPh 的合作者网络，节点代表作者，边表示两个作者间存在合作，这是一个无向网络。

为验证所提方法的性能，选择 DegreeDiscount，SCG，LDAG 作为对比算法。这几个算法都是比较经典的启发式算法。其中，DegreeDiscount 算法较好地衡量了一个节点在当前邻域的影响力，并在多数实验中有可观的表现。DegreeDiscount 算法认为一个节点的激活能力与它的邻居节点数目并不成正比。如果一个节点 u 的部分邻居节点已经是种子节点时，那么，当节点 u 被选为种子节点时，它不能再激活这些已经被选为种子节点的邻居节点了，所以，当某个节点的邻居节点已经是种子节点时，计算该节点度数时应当做一定的折扣，其真实度数应该为折扣后的度数。实验证明，DegreeDiscount 算法的精度要优于 MaxDegree 算法，且有较大提升，但仍然要比贪心算法低。基于种子节点覆盖的 SCG 算法具有较好的影响效果，是 Pablo 等人在 MaxDegree 算法的基础上提出的一种启发式算法。SCG 算法认为相邻的种子节点可能会造成影响力重复计算的问题，为了解决此问题，SCG 算法将种子节点周围结构剥离源网络，具体的做法是：定义一个局部半径 m，在选择一个当前度最大的节点 u 作为种子节点后，与 u 距离为 m 内的所有节点将会被屏蔽，下一次的种子选择将不再考虑这些被屏蔽的节点。最后从剩余

的节点中选择度数最大的节点加入到种子节点集合中，以此循环，直到找到了 k 个种子节点。LDAG 算法是在 LT 模型中表现较好的启发式算法，它具备良好的影响效果和运行时间等特征。LDAG 算法通过构建节点的有向无环图进行节点的影响力增量计算，并求出影响力最大的 k 个节点。LDAG 算法先为社交网络图中的每个节点 u 构造局部 DAG，然后选择影响力增量最大的节点作为种子节点。Chen 等人通过实验证明，LDAG 算法的精度与简单的贪心算法非常接近，但在时间开销上要远远好于贪心算法。在处理 65 万个节点和 200 万条边的社交网络图时，LDAG 算法只需要 5min，而贪心算法则需要 190h，LDAG 算法时间优势非常明显。为了避免数据的随机性，实验以随机选取种子节点的 Random 算法作为基准比较。

DIH 算法对于影响因子 α 的取值有一定的依赖性，不同的 α 取值会产生不同的结果。因此，需要将 DIH 算法在不同 α 值时的表现进行分析对比找出最佳的 α 值。在 LT 模型中，节点的阈值 θ 是一个在 [0, 1] 之间的随机数。为了方便对比，本书中的算法都是在节点阈值 $\theta = 0.5$ 的情况下进行的。

在本实验中，各算法将以种子节点 $k \in \{10, 20, 30, 40, 50, 60, 70, 80, 90, 100\}$ 时的表现进行对比分析。

2.2.4 实验结果及分析

影响最大化算法的性能一般通过两种指标评判：

(1) 影响效果。算法在同一传播模型和相同种子节点个数的条件下能够影响整个网络的节点数。影响的节点个数越多表示算法影响效果越好。

(2) 运行效率。算法基于同一传播模型和相同种子节点数下的运行时间。耗费的时间越短表示算法的效率越高。

下面给出 DIH 算法的实验结果及与其他算法的对比实验结果。

2.2.4.1 DIH 算法结果分析

为了确定最优的 α 值，在 3 个网络上对不同 α 值时的 DIH 算法进行了实验。

图 2-3～图 2-5 给出了在 3 个网络中不同 α ($\alpha \in \{0.1, 0.4, 0.5, 0.6, 0.9\}$) 下的 DIH 算法随 k 值变化的影响效果。从图中可以明显看出，在这 3 个网络中，当 k 相同时，不同 α 值的 DIH 算法的影响效果不同。其中，在数据集 1 中，α 的值越趋于中心，算法的影响效果越好；$\alpha = 0.5$ 时，算法的影响效果最好。在数据集 2 中，α 的值越大，算法的影响效果越差；$\alpha = 0.1$ 时，算法的影响效果最好。在数据集 3 中，算法在面对不同 α 值的表现与在数据集 2 中的趋势一致，α 越大，效果越差；$\alpha = 0.1$ 时，算法的影响效果最好。

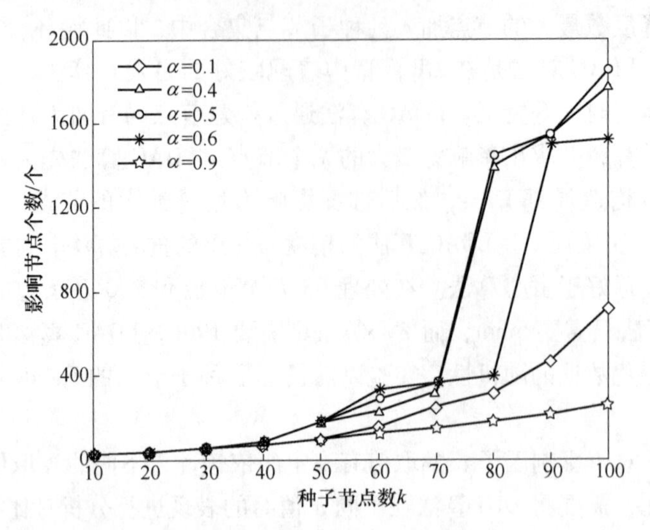

图 2-3　不同 α 值的 DIH 算法在数据集 1 中的表现

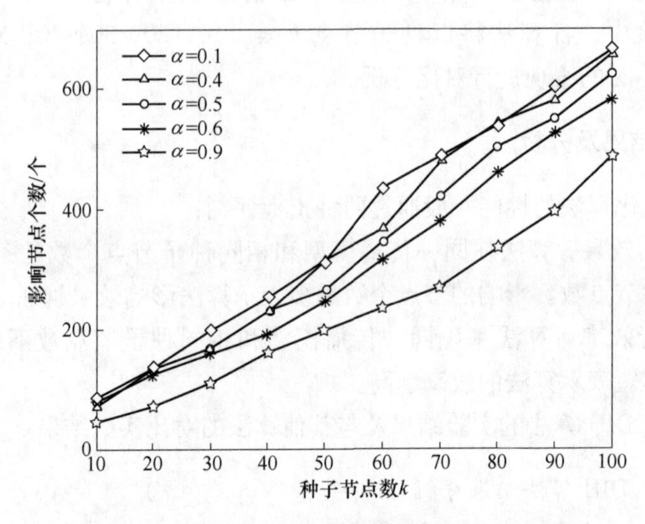

图 2-4　不同 α 值的 DIH 算法在数据集 2 中的表现

通过上述分析可知，在这 3 个网络中，DIH 算法的最佳 α 值不同。那么面对不同的数据类型，不可能对每一个 α 值进行实验，然后选取最优 α 值。但从实验结果中可以看出算法在选择不同 α 值时，α = 0.4 时的 DIH 算法表现最稳定，且其在 3 个网络中的影响效果始终保持在前两名。尽管 α = 0.1 时的 DIH 算法在数据集 2 和 3 中都获得了最佳的影响效果，但其在数据集 1 中的表现十分糟糕，不够稳定。同理，α = 0.5 时的 DIH 算法虽然在数据集 1 中的影响效果优于 α = 0.4 时的 DIH 算法，但只是略优，并没有明显的优势；而在其他两个数据集中，α = 0.4

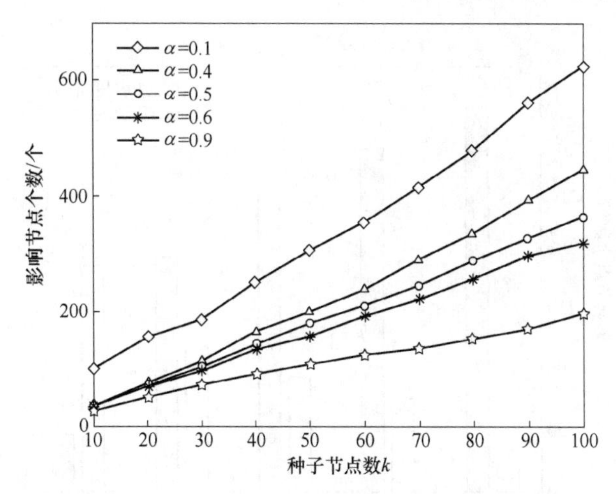

图 2-5 不同 α 值的 DIH 算法在数据集 3 中的表现

时的 DIH 算法相较于 $\alpha = 0.5$ 时的 DIH 算法有明显的优势。同时，$\alpha = 0.4$ 是一个接近中心的取值，无论 α 偏大或偏小，都不会出现影响效果极差的表现。因此，本书把 $\alpha = 0.4$ 作为算法的参数。

图 2-6~图 2-8 给出了在 LT 模型下，DIH 算法在 $\alpha \in \{0.1, 0.4, 0.5, 0.6, 0.9\}$ 值时，算法的度折启发阶段和影响力启发阶段在不同 k 值下的平均影响效果对比。从图中可明显看出在这 3 个网络中，除了在 $\alpha = 0.9$ 时的 DIH 算法外，其他情况下的 DIH 算法的度折启发阶段激活的节点个数都少于影响力启发阶段。从实验结果中还可以发现，影响力启发阶段的影响效果与 DIH 算法的最终影响效果成正相关。此后，在本书中提到的 DIH 算法均指 $\alpha = 0.4$ 时的 DIH 算法。

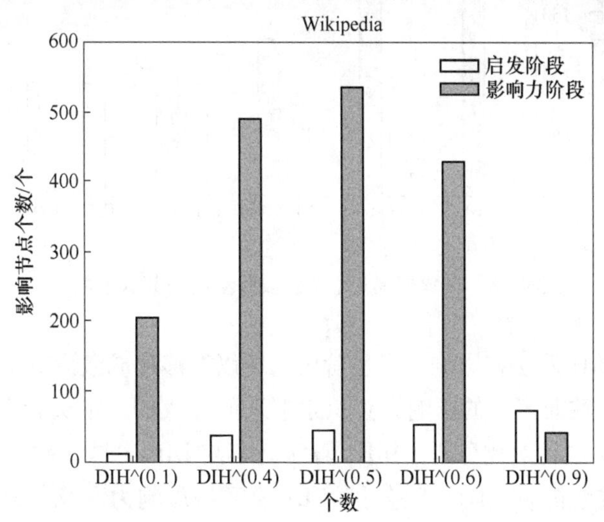

图 2-6 在数据集 1 中两阶段各激活的节点个数

（DIH^(0.5)—α 参数的值为 0.5）

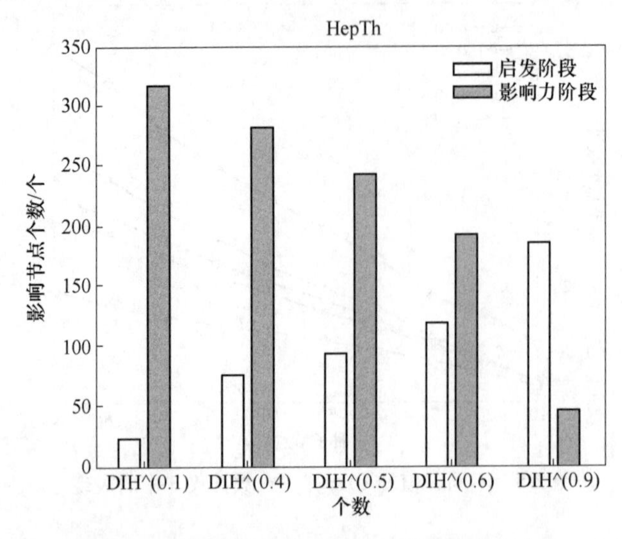

图 2-7　在数据集 2 中两阶段各激活的节点个数

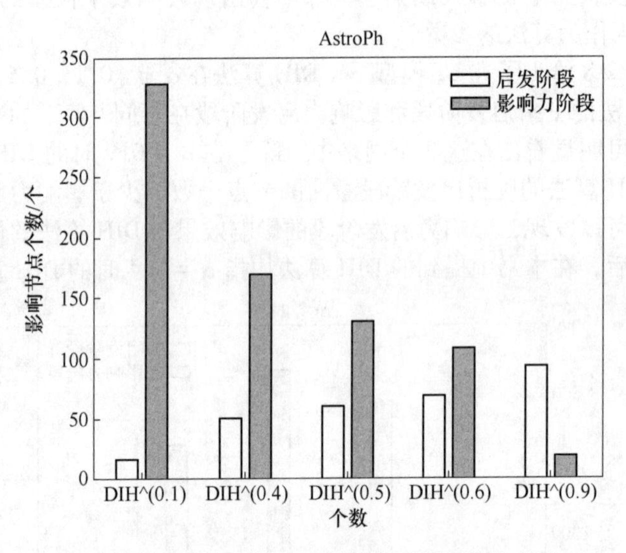

图 2-8　在数据集 3 中两阶段各激活的节点个数

为了验证 DIH 算法在影响力启发阶段之所以能够形成激活节点的爆发是由度折阶段因激活失败而产生的影响力被积累下来而造成的，本实验设计一种 DIH* 算法与 DIH 算法进行对比分析。DIH* 算法基本与 DIH 算法一致，唯一区别在于 DIH 算法在完成度折启发阶段后会利用 LT 模型将影响力积累下来，而 DIH* 算法却不会。因 DIH 与 DIH* 算法在度折启发阶段完全一样，所以，实验只比较影响力启发阶段的影响效果。

图 2-9~图 2-11 给出了 DIH 和 DIH* 算法在影响力启发阶段随 k 值变化的影响效果。从图中可以看出，在 3 个网络中，DIH 算法在影响力启发阶段的影响效果明显优于 DIH* 算法。DIH 算法在进行度折启发时，处于激活状态的节点去激活未激活状态的节点，一旦失败，这时对该节点产生的影响力就会被储存起来，等到影响力启发阶段时，这些存储起来的影响力就会爆发起来，导致大量的处于未激活状态的节点被激活。而在 DIH* 算法中没有储存影响力这一过程，这就造成了影响力启发阶段 DIH 算法的影响效果要优于 DIH* 算法，实验结果也验证了这点。

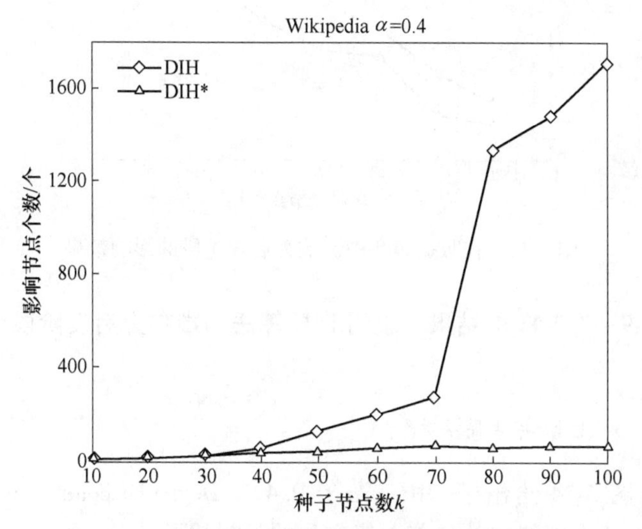

图 2-9　在数据集 1 中影响力启发阶段的影响效果

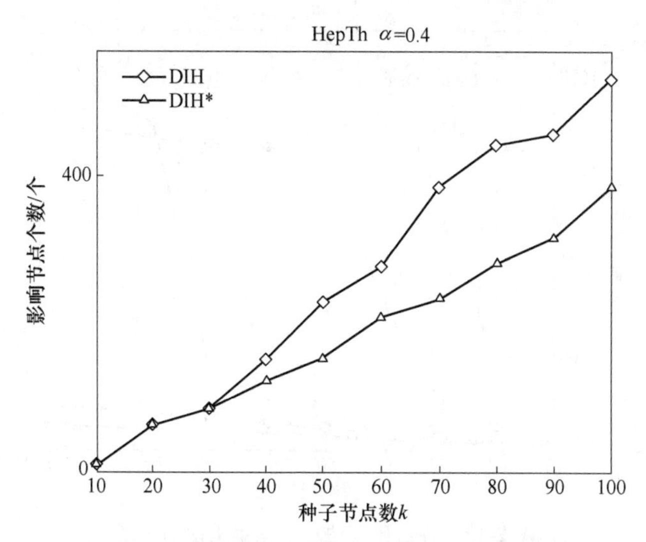

图 2-10　在数据集 2 中影响力启发阶段的影响效果

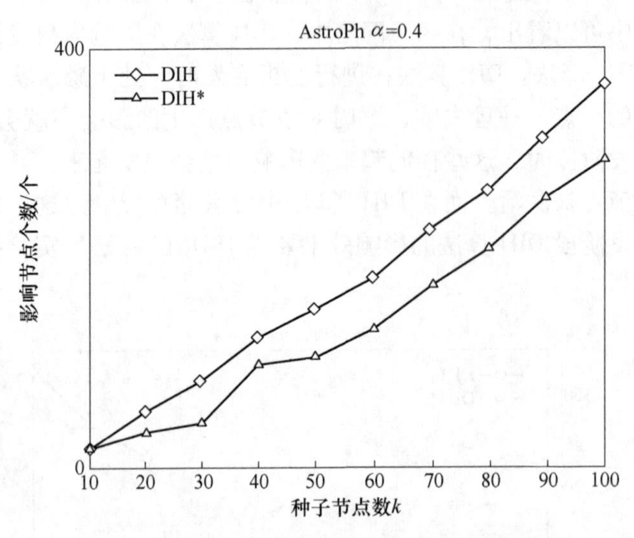

图 2-11　在数据集 3 中影响力启发阶段的影响效果

综合图 2-9~图 2-11 的结果，表明 DIH 算法的影响力启发阶段会造成激活节点的大量爆发。

2.2.4.2　对比算法结果分析

图 2-12~图 2-14 给出了 DIH（α = 0.4）、DegreeDiscount、SCG、LDAG 和 Random 算法在 3 个网络中的随着 k 值变化的影响效果。

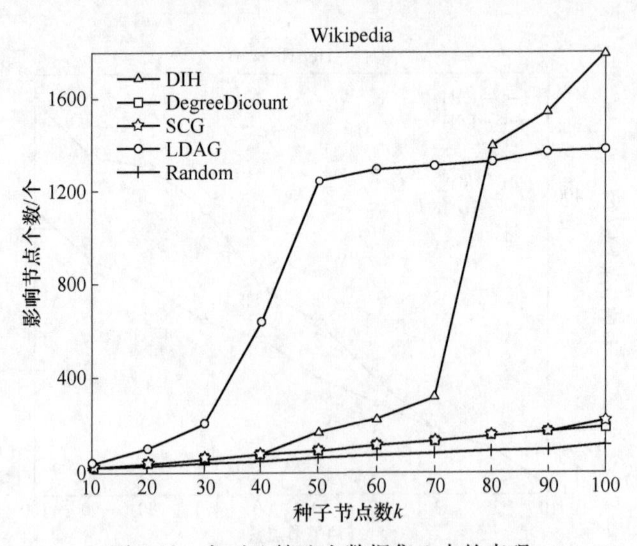

图 2-12　各对比算法在数据集 1 中的表现

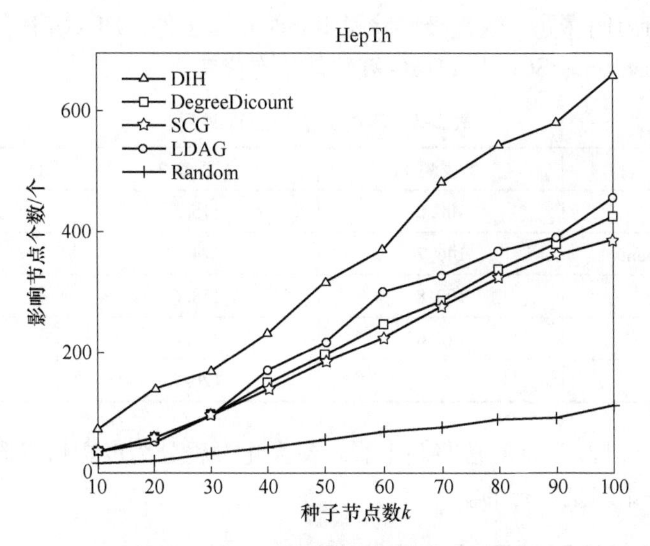

图 2-13 各对比算法在数据集 2 中的表现

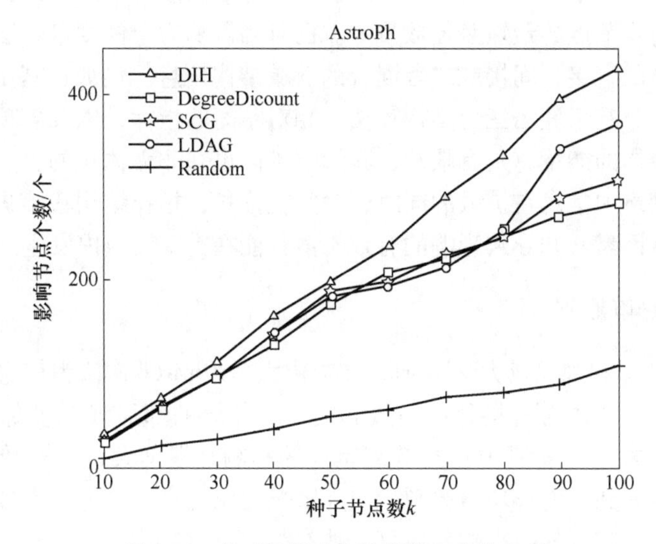

图 2-14 各对比算法在数据集 3 中的表现

从图 2-12 中可以看出，在数据集 1 中，当 $k \leqslant 80$ 时，LDAG 算法的影响效果优于 DIH 算法；但此后随着 k 值的增长 LDAG 算法的影响效果渐渐趋于饱和，反之，DIH 算法的影响效果保持着持续增长的趋势，并超越了 LDAG 算法。DIH 算法的影响效果明显优于 DegreeDiscount、SCG 和 Random 算法。在数据集 2 和 3 中，相较于其他对比算法，DIH 算法表现出了较好的影响效果。

表 2-2 给出了对比算法在 3 个网络中的运行时间。从表中可明显看出，各对

比算法的运行时间在同一数量级，除了 Random 算法外，DIH 算法的运行效率相较于 DegreeDiscount、SCG 和 LDAG 算法都略有优势。

表 2-2　不同算法的运行时间　(s)

算　法	数据集 1	数据集 2	数据集 3
DIH	100. 2	175. 5	3337. 9
DegreeDiscount	146. 7	224. 6	4210. 7
SCG	100. 8	178. 6	3872. 6
LDAG	170. 6	325. 4	4386. 5
Random	66. 5	120. 7	2808. 3

综合以上分析，DIH 算法将整个影响最大化过程分为度折启发阶段和影响力启发阶段这一策略是可行的。

2.3　基于三级邻居的影响力计算方法

每个个体在网络中有不同的特征属性，如邻居数量、邻居间的拓扑结构、整个网络经过特定节点的最短路径数量等。已有高影响力个体度量方法的研究成果主要量化个体的直接、间接或二者混合的邻域结构信息。例如：基于 k 个步长的随机游走方法、基于邻居三角结构算法、相对距离的指标，以及多项指标的混合评价方法。个体的能量总是有限的，其影响扩散也并非无休止的，它存在衰减及有效范围。网络中信息在扩散的同时，时间在推移，拓扑结构在演进，传播效果会衰弱，这些因素共同导致影响的有效扩散只能在有限层级内发生。

2.3.1　三度影响原则

2009 年，加利福尼亚大学 Fowler 和哈佛大学 Christakis 认为信息在三度强连接内高效传播，个体对直接邻居高效影响，对邻居的邻居（二度邻居）以及邻居的邻居的邻居（三度邻居）具有衰减性的影响。根据大量复杂传播关系的实验统计，概括得到三度影响力原则。三度影响力原则将影响力的有效扩散限定在三级传播内，三度以外的影响传播可以被忽略。

三度影响原则是真实网络复杂传播现象的精简统计结论。关于三级传播有很多例证，如转发微博与原创微博的行为 90% 在三度传播内发生；导致肥胖的行为、恶性事件、吸烟与戒烟等行为的传播均成簇出现且均在三级传播范围内发生；具有抑郁倾向与社交障碍的人常处于网络边缘，其社交范围狭窄且同他人交互频率较低，此类人的情绪感染同样服从三级传播规律，如人的快乐情绪。有研究表明，快乐的人和朋友进行社交活动时，其交互能促进朋友快乐情绪的提升，提升度可达 15%，其朋友的快乐情绪可以传递感染到朋友的朋友，在此称为二度分隔的朋友，二度分隔的朋友的快乐情绪也可以提升，但稍有递减，提升度约15%，快乐情绪的影响依次递减。为便于理解，图 2-15 所示为三度影响原则的示意图。

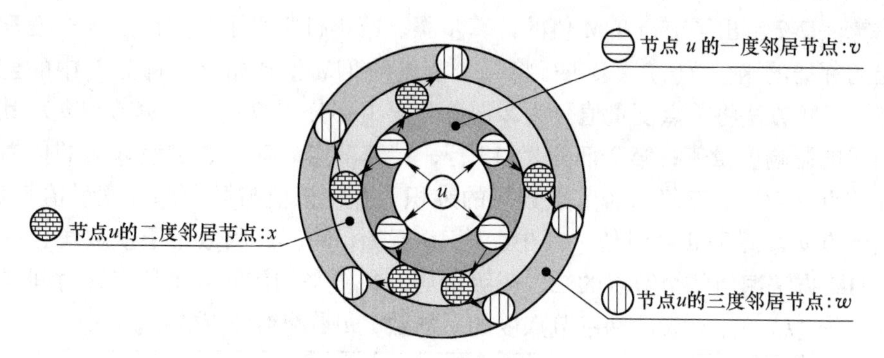

图 2-15　三度影响原则

设示意图中的 u 表示为即将传递信息的节点，不同同心圆上的节点表示与不同层级的可达节点。根据前面所述，可知 v、w、x 为 u 的一至三度邻居。

2.3.2　三级邻居方法

为了同传统图结构的“度”概念区分，本节用“级”替代三度影响力原则的“度”，算法也对应称之为“三级邻居（Three-level Influence Measurement，TIM）”方法。

基于三度影响原则的特性，本节设计三级邻居算法。给定社交网络 $G=(V,E,P_{u,v})$，V 和 E 分别表示网络节点集合和边集合，$P_{u,v}$ 表示节点 u 对 v 的激活概率。将具有影响衰减特性的二、三级邻居视作一个整体，记为 M_{23}。若二级邻居被激活则 M_{23} 中的节点均可能被激活，此时 M_{23} 激活概率与节点 u 对二级邻居的激活概率近似。基于此推导出 M_{23} 激活概率的函数表达式为

$$\eta=\sum_{w\in N(v)}\sum_{v\in N(u)}P_{u,v}P_{v,w} \tag{2-11}$$

在任意网络中，M_{23} 的节点数量可能是一级邻居节点数量的若干倍。以图 2-15 为例，网络中二、三级邻居数量是直接邻居数量的 $(|N(v)+N(w)|/|N(u)|)=10/4=2.5$ 倍。显然在数量关系上，个体 u 对间接邻居的影响大于其对直接邻居的影响，这与传播层级深入影响逐级衰减的特点相左。因此，需放大一级影响，调节节点 u 对一级邻居和对 M_{23} 的影响差距。利用函数 $y=e^x$ 当 $x>0$ 恒有 $y>1$ 的特性放大一级传播的影响力的值，并引入参数 θ 调整影响差距。TIM 度量节点影响力的计算公式为

$$\mathrm{TIM}(u)=\theta\cdot e^{\sum_{v\in N(u)}P_{u,v}}+\eta\cdot|M_{23}| \tag{2-12}$$

其中，$|M_{23}|$表示个体 u 的二、三级邻居节点数量。根据式（2-12），网络中每个节点都将计算出对应的影响力度量值，将该值从大到小排序，则可确定网络的 Top-k 节点。

算法 2-2 给出了节点 TIM 值的计算步骤。第 1 行定义了节点广度优先搜索第一层的邻居的函数 $F(\ )$，第 3 行将每个节点的 TIM 值初始化。针对 V 中的全部节点，TIM 方法将节点度量值分为 2 部分：第 1 部分 4~7 行，计算节点 u 对其一级邻居的影响度量值；第 2 部分 8~13 行，计算节点 u 对一、二级邻居的传播概率同节点 u 对二、三级邻居节点数量的乘积，并将该值与第一部分度量值累加，得到节点 u 最终 TIM 度量值。其中，第 10 行 *getSize*(　) 函数用于获取集合的长度。TIM 方法遍历每个节点的二、三级邻居，每级平均访问 k 个节点，时间复杂度为 $O(n\langle k\rangle^2)$，k 表示网络节点度的平均数，n 是网络节点数量。

算法 2-2：Three-level influence measurement

```
   Input：G：a social graph，P：the propagation probability set
   Output：TIM：the influence measure of node
1  function：F() /* Breadth first search tier 1* /;
2  for each u ∈ V do
3      TIM(u)= 0，x=0，l=0;
4      for each v ∈ F(u) do
5          x+=p(u，v);
6      end
7      TIM(u)=θ * exp(x);
8      for each v ∈ F(u) do
9          for each w ∈ F(v) / {u} do
10             l=getSize({F(w)，w} / {F(u)});
11             TIM(u)+=p(u，v) * p(v，w) * l;
12         end
13     end
14 end
```

2.3.3　实验环境及数据

实验利用易感染-患病-痊愈（Susceptible Infected Recovered，SIR）模型和独立级联（Independent Cascade，IC）模型，从精度、一致性、区分度、排序性、影响力最大化效果等方面分析 TIM 方法的有效性。SIR 和 IC 是经典的信息传播模型，广泛应用在信息传播研究中。在 SIR 模型中，对于给定网络，每次仅设定单个节点为传染源，在有限的传播步长 t 内，评价度量结果优劣的参考值 $F(t)$ 是该节点传播后的患病节点与免疫节点的和，每个节点的 $F(t)$ 值重复 10^3次后取均值。SIR 模型仿真参数与文献［44］的设定相同，其中，传染概率为 0.02，治愈概率为网络全部节点度均值的倒数。不同文献对 SIR 模型参数的设定不尽相同，值得说明的是：SIR 模型的参数设定对节点重要性的评价结果影响甚微，后续开展的诸如影响力一致性、排序性能等实验均是基于 SIR 目标动力学的评价结果，并非基于特定范畴的动力学参数，不必过分关注参数的取值。

表 2-3 列举了算法研究所用到的社交网络数据集及其特征，表中算法均已处理为无向图。TIM 算法的时间复杂度与网络节点数量及网络平均度相关，因此选择平均度为 28.3 的 Wiki-Vote 数据集加以验证，判断算法的执行效率。

表 2-3 网络数据集基本特征

项 目	p2p-Gnutella08	CA-HepTh	Wiki-Vote
节点数	6301	9877	7115
边数	20777	51971	100762
平均度	6.595	5.264	28.324
聚类系数	0.015	0.6	0.209

若以节点的 $F(t)$ 为参考度量值，TIM 度量值与 $F(t)$ 值的关系可视为预测值与标准值的关系。为使参数 θ 求得的 TIM 度量值尽可能逼近 SIR 评价标准，实验利用统计学习方法的模型评估函数观察预测值与度量值之间的误差，误差越小则对应的 θ 值更适宜。模型评估函数为

$$\begin{cases} R(\theta) = \dfrac{1}{n}\sum_{1}^{n} L(F(t),\ \mathrm{TIM}(u)) \\ L(F(t),\ \mathrm{TIM}(u)) = [F(t) - \mathrm{TIM}(u)]^2 \end{cases} \tag{2-13}$$

其中，$R(\theta)$ 表示 TIM 方法的度量误差，该值越小越好。在 p2p-Gnutella08 数据集中，以 200 为间隔，θ 取 600~1200 不同值时，图 2-16 给出了其对应的误差积累情况。根据图 2-16 实验结果，θ 等于 1000 时对应的误差积累量最小，此时 TIM 方法度量结果与 SIR 模型对应的评价结果具有更明显的一致性。θ 等于 1000 时，其他两个数据集的实验表现也具有明显的一致性，因此，实验参数 θ 的值均设为 1000。

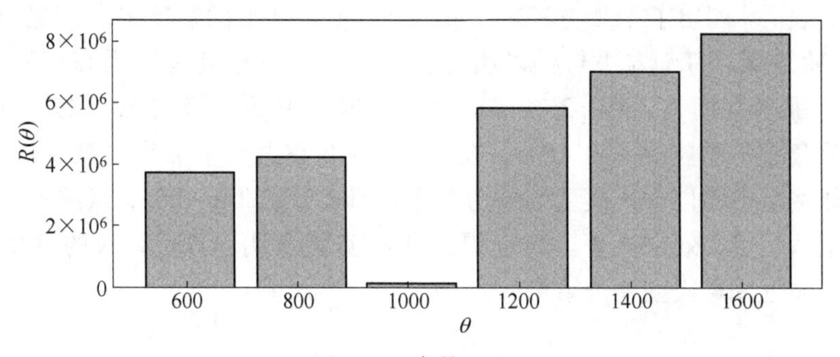

图 2-16 参数 $R(\theta)$

2.3.4　实验结果及分析

为验证该影响力计算方法的有效性，本实验从五个方面进行评估，分别为精度提高比、一致性、区分力度、排序性能、影响力最大化应用。其中前三项的评估实验基于 SIR 模型，最后一项实验基于 IC 模型。实验中涉及的相关参数设定在 2.3.3 节已有给出。

2.3.4.1　精度提高比的计算

已有的三级度量方法，如 LDDC、3-Layer 算法本质上均为一至三级邻居节点数量的累加。LDDC 算法在求和的步骤中对二、三级邻居添加了对应的衰减系数，但比较三个层级邻居数量的直接累加，其效果并无明显差距。因此，实验舍去了已有三级度量算法具有针对性的参数，统一表示为三级邻居数量的直接累加和，简称为朴素方法（Plain Measurement，PM）。LDDC 和 3-Layer 算法的原理和评述，详见参考文献。基于 SIR 模型的节点影响力仿真结果 $F(t)$，本节设计精度提高比函数 $\varepsilon(k)$ 来对比朴素法和 TIM 方法。精度提高比的函数为

$$\varepsilon(k)=\frac{\sum_{1}^{\text{Top-}k}(\text{Skew}_u^{\text{PM}}-\text{Skew}_u^{\text{TIM}})}{\sum_{1}^{\text{Top-}k}\text{Skew}_u^{\text{TIM}}}\times 100\% \tag{2-14}$$

其中，$\text{Skew}_u^{\text{PM}}$ 表示朴素法降序编号同 $F(t)$ 值降序编号的差的绝对值；$\text{Skew}_u^{\text{TIM}}$ 表示节点 u 的 TIM 值降序编号同 $F(t)$ 值降序编号的差的绝对值。以 p2p-Gnutella08 数据集的实验结果为例，编号 367 的节点 $F(t)$ 值最大，记编号 1。该节点在朴素法和 TIM 方法降序编号分别为 2、1，则 $\text{Skew}_{367}^{\text{PM}}=|1-2|=1$，$\text{Skew}_{367}^{\text{TIM}}=|1-1|=0$。偏差值越小表示节点影响力度量方法与基于 SIR 模型的仿真结果越相近，说明度量结果的精度越高。因 TIM 方法中的传播概率参数具有随机性，需经蒙特卡洛（Monte Carlo）仿真 1000 次的均值作为节点 TIM 影响力的最终值。表 2-4 列出了 TIM 方法对 Top-k 节点度量结果的精度提高情况。根据表 2-4 的实验结果，TIM 方法与朴素法相比整体的度量精度有所提高。就 Top-100 种子的度量精度而言，在 p2p-Gnutella08 数据集中平均提高 10.12%，在 Wiki-Vote 数据集中平均提高 260.16%，在 CA-HepTh 数据集中平均提高 13.37%。尤其在幂律网络中，以 SIR 模型结果为参考，TIM 方法 Top-100 节点的度量精度平均提高了 2.6 倍，效果显著。精度提高比的实验表明，TIM 算法的度量精度更高，更加贴近 SIR 模型评价结果。

表 2-4 精度提高比 (%)

项 目	p2p-Gnutella08	Wiki-Vote	CA-HepTh
Top-10	10.00	133.33	36.00
Top-20	22.58	280.00	16.46
Top-30	15.87	278.69	5.41
Top-40	2.20	291.60	16.09
Top50	7.56	272.59	3.32
Top-60	15.61	286.55	11.71
Top-70	13.77	263.78	10.25
Top-80	9.44	323.90	21.49
Top-90	2.71	241.53	7.13
Top-100	1.47	229.58	5.86
Avg	10.12	260.16	13.37

2.3.4.2 影响力一致性

针对影响力一致性评价指标，实验选取局部中心性（Local Centrality，LC）、LDDC、度中心性（Degree Centrality，DC）、介数中心性（Betweenness Centrality，BC）、三角中心性（Local Triangle Centrality，LTC）方法对比实验。对比实验均保留算法原思想，并未限制任何算法的度量层级。其中，LC、LTC、LDDC、DC 属局部度量方法。BC 方法具有鲁棒性高、不适用于大规模网络的特点，如果能找到比 BC 效果好、时间复杂度低的方法，那么该方法的适用范围将更加广泛。

局部中心性考虑的是节点最近邻居和次近邻居的度信息，定义了一个指标——多级邻居信息指标来对网络中节点的重要性进行排序如下：

$$L_C(i) = \sum_{j \in \Gamma(i)} \sum_{u \in \Gamma(j)} N(u) \tag{2-15}$$

其中，$\Gamma(i)$ 为节点 i 最近邻居的集合；$\Gamma(j)$ 为节点 j 的最近邻居集合；$N(u)$ 为节点 u 最近邻居数和次近邻居数之和。

度中心性认为一个节点的邻居数越多，其影响力也越大，表明这个节点的重要性越高。其计算公式为

$$\mathrm{DC}_i = \frac{k_i}{N - 1} \tag{2-16}$$

其中，k_i 表示与节点 i 相连的边的数量；$N-1$ 表示节点 i 与其他节点都相连的边的数量。度中心性指标拥有直观、计算复杂度低的特点，但是仅仅考虑了节点的最局部信息，忽略了节点所处的网络位置和更高阶邻居等环境信息，在很多环境下精度不能令人满意。

介数中心性刻画的是节点对网络中沿最短路径传输的网络流的控制力。如果网络中节点对的最短路径经过某一个节点的数量越多，该节点就越重要。介数中心性可计算为

$$\mathrm{BC}_i = \sum_{s \neq i \neq t} \frac{n_{st}^i}{g_{st}} \tag{2-17}$$

其中，n_{st}^i 表示的是经过节点 i，并且为最短路径的路径数；g_{st} 表示连接 s 和 t 的最短路径的数量。

三角中心性是基于节点与邻居节点之间的三角结构的一种有效的节点影响力度量指标，其不仅考虑了节点间的三角结构，还考虑了周边邻居节点的数量。三角中心性方法简单快速，在大规模网络中能快速计算节点的影响力。

以 SIR 模型的仿真结果 $F(t)$ 为参考，图 2-17 给出了各对比方法与 $F(t)$ 的相关性结果。图中纵坐标为 $F(t)$，横坐标为各方法的度量值。良好的正相关一致性在点状图中应当表现为向上倾斜的曲线。实验结果表明 LTC、LDDC 及 TIM 在三个数据中均表现出较强的一致性，其中，TIM 算法的一致性尤为明显。以 CA-HepTh 数据集 DC、BC 方法为例的实验结果频繁出现“竖条”图案。通过观察，对该现象的成因提出一种猜想：节点度量值相同而对应的 $F(t)$ 值不同，即方法度量值的区分度偏低。为验证该猜想的正确性，实验设计评价函数对比各方法度量值的区分度。

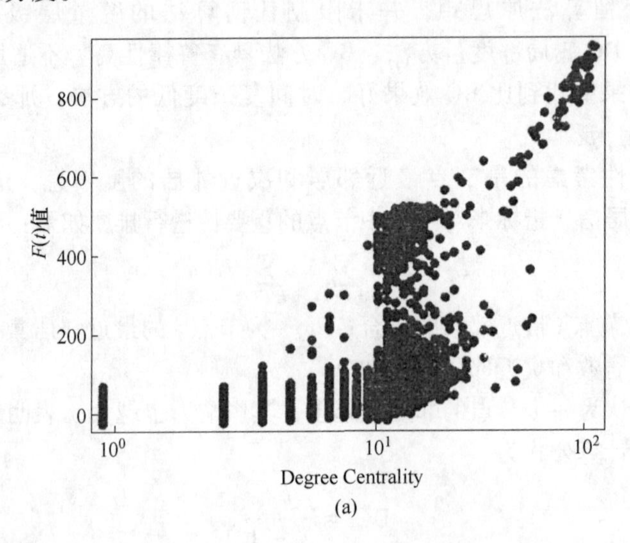

(a)

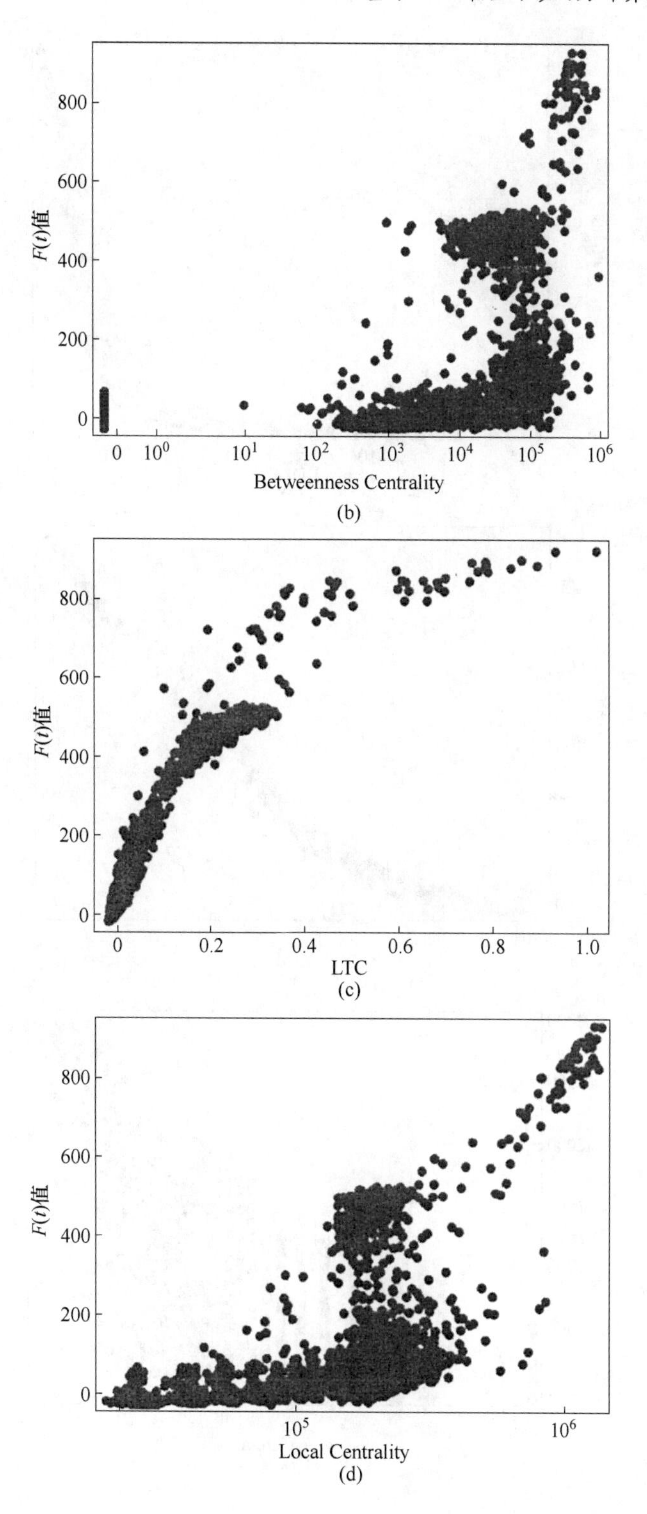
F(t)值
800
600
400
200
0
0
10^0
10^1
10^2
10^3
10^4
10^5
10^6
Betweenness Centrality
(b)

F(t)值
800
600
400
200
0
0
0.2
0.4
0.6
0.8
1.0
LTC
(c)

F(t)值
800
600
400
200
0
10^5
10^6
Local Centrality
(d)

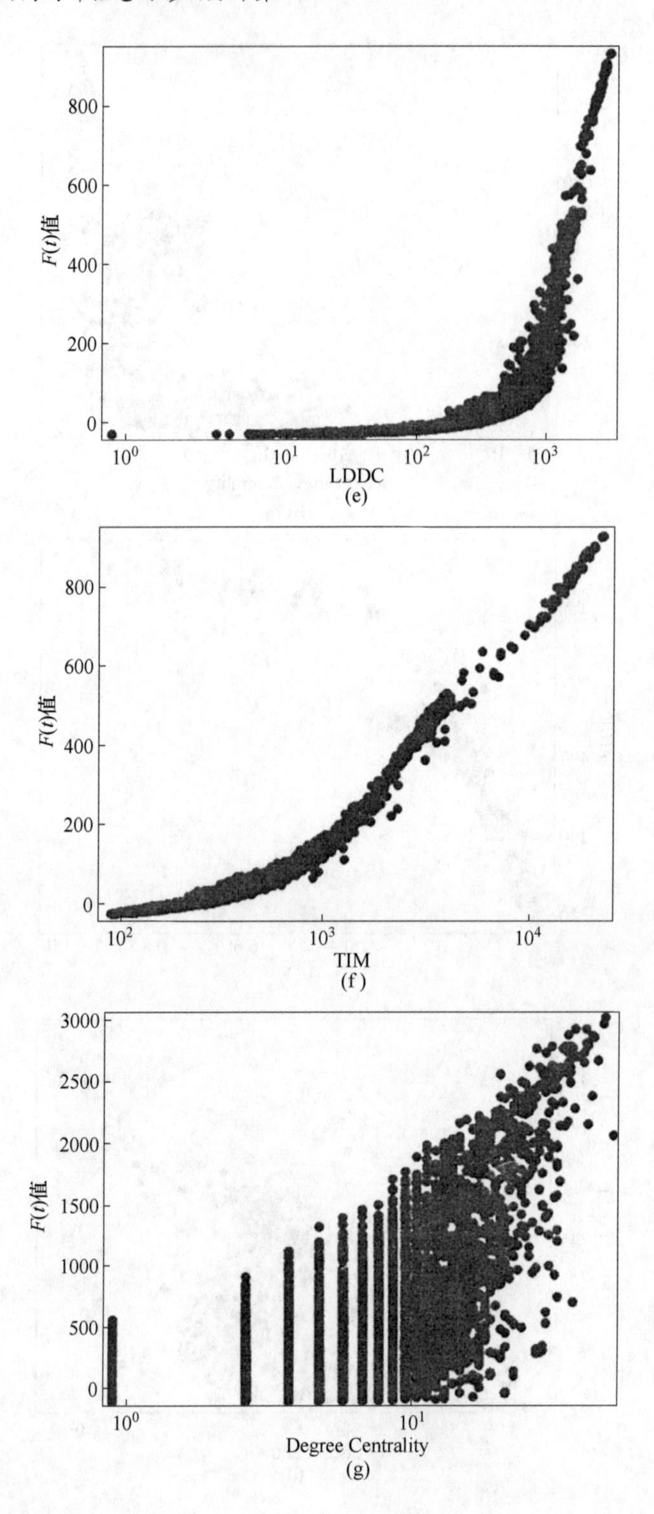
F(t)值
800
600
400
200
0
10^0
10^1
10^2
10^3
LDDC
(e)
F(t)值
800
600
400
200
0
10^2
10^3
10^4
TIM
(f)
3000
2500
2000
1500
1000
500
0
F(t)值
10^0
10^1
Degree Centrality
(g)

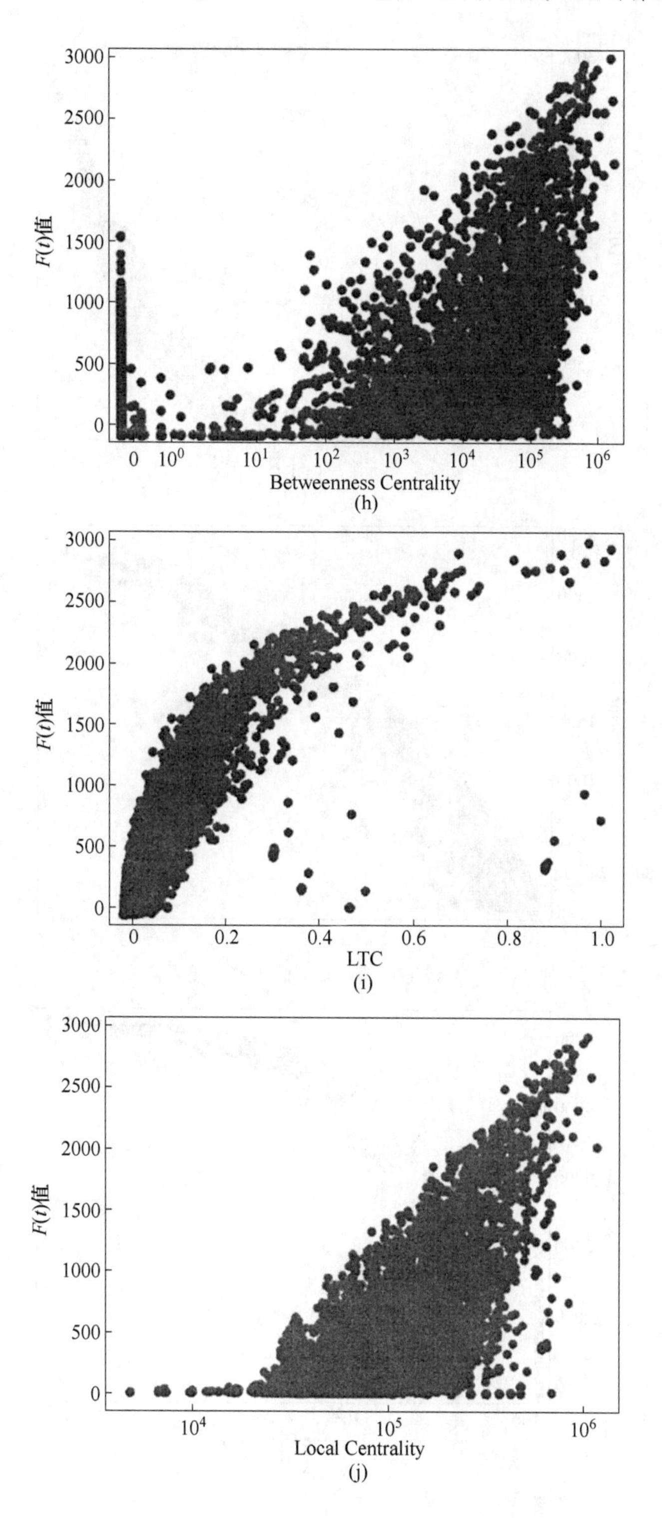

F(t)值
3000
2500
2000
1500
1000
500
0
0
10^0
10^1
10^2
10^3
10^4
10^5
10^6
Betweenness Centrality
F(t)值
0
0.2
0.4
0.6
0.8
1.0
LTC
F(t)值
10^4
10^5
10^6
Local Centrality

(h)

(i)

(j)

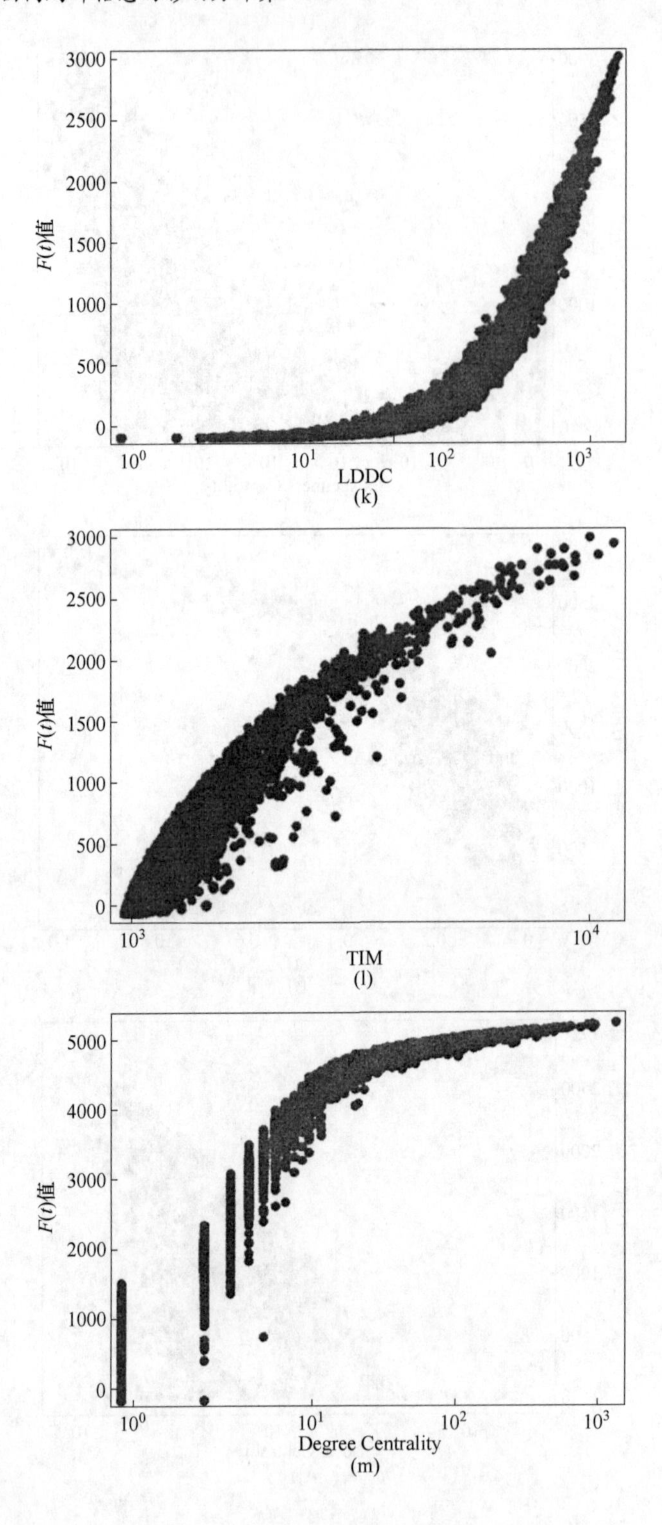
F(t)值
0
500
1000
1500
2000
2500
3000
10^0
10^1
10^2
10^3
LDDC
(k)
F(t)值
0
500
1000
1500
2000
2500
3000
10^3
10^4
TIM
(l)
F(t)值
0
1000
2000
3000
4000
5000
10^0
10^1
10^2
10^3
Degree Centrality
(m)

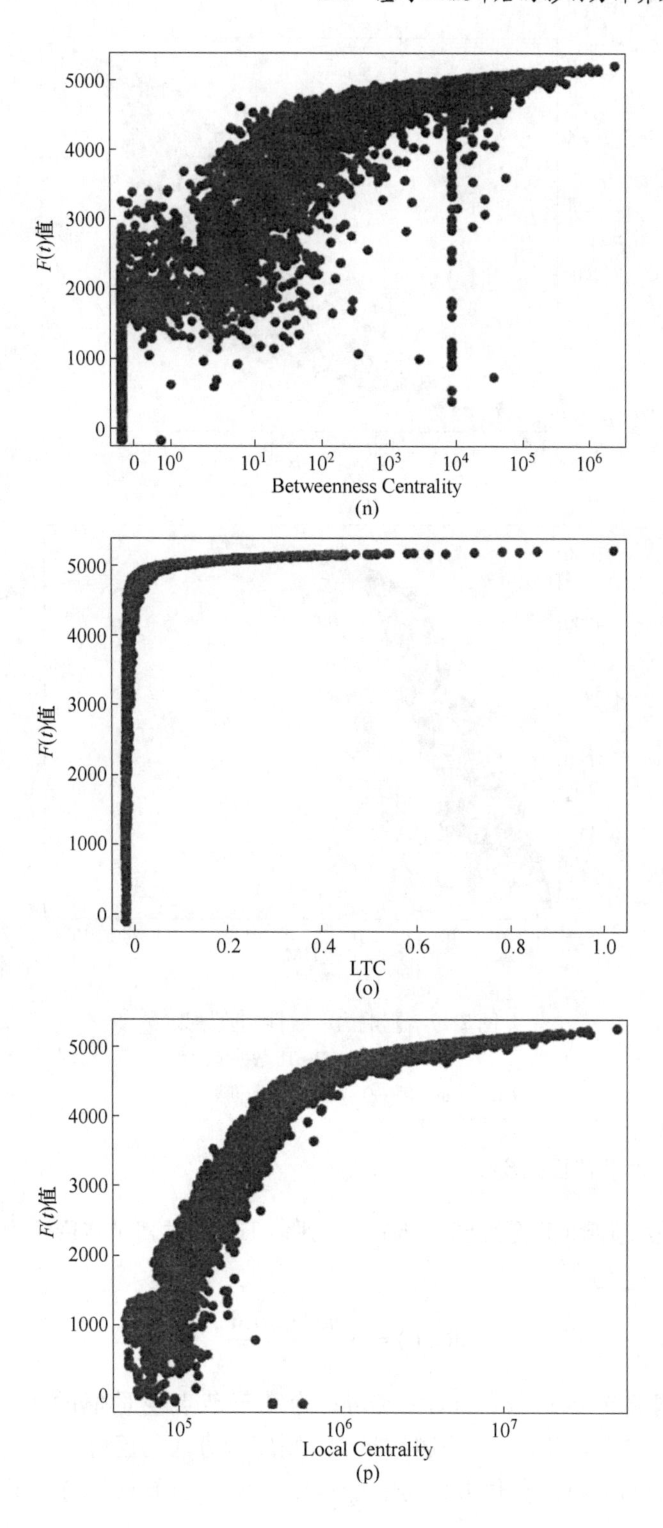
5000
4000
3000
2000
1000
0
F(t)值
0 10^0 10^1 10^2 10^3 10^4 10^5 10^6
Betweenness Centrality
5000
4000
3000
2000
1000
0
F(t)值
0 0.2 0.4 0.6 0.8 1.0
LTC
5000
4000
3000
2000
1000
0
F(t)值
10^5 10^6 10^7
Local Centrality

(n)

(o)

(p)

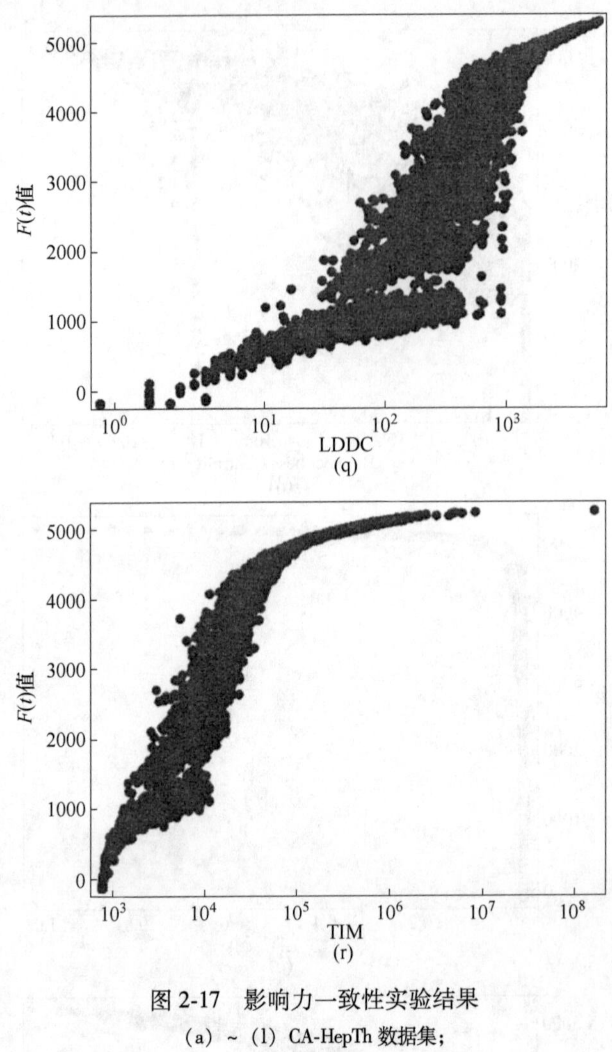

图 2-17　影响力一致性实验结果

(a) ~ (l) CA-HepTh 数据集;

(m) ~ (r) Wiki-Vote 数据集

2.3.4.3　度量值区分度

本实验采用度量值区分度函数 disc( ) 评估 TIM 方法对节点影响力的鉴别性能，disc( ) 函数表达为

$$\text{disc}() = \frac{\text{MaxDesOrder}}{n} \tag{2-18}$$

其中，n 为网络节点总数；MaxDesOrder 为基于节点度量值的最大排序序号，$\text{disc}() \in (0,\ 1]$。disc( ) 值越接近 1，则度量方法的区分度越大。实验先降序排列某方法的节点度量值并编号，令度量值相等的节点具有相同编号，再根

据式（2-18）计算 disc( ) 值。以 CA-HepTh 数据集为例，共计 10 个节点的 DC 值等于 38，值“38”第一次出现的节点排序序号为 18，则剩下的 9 个节点排序序号也是 18。根据表 2-5 给出的区分度实验结果，TIM 在 6 种度量方法中区分力最强，LC 方法其次。BC、LDDC 算法在不同数据集的区分度表现不稳定。该实验对前面影响力一致性实验中 DC、BC、LC 实验图像的散点“抱团”现象及 DC、LTC 实验图像的“竖条”现象做出了解释。

表 2-5 度量值区分度实验结果

方 法	p2p-Gnutella08	Wiki-Vote	CA-HepTh
DC	0.01206	0.04216	0.00557
LTC	0.05055	0.05205	0.04454
BC	0.71861	0.64216	0.40376
LC	0.85129	0.80689	0.72161
LDDC	0.60705	0.60899	0.32672
TIM	0.98905	0.99874	0.91789

2.3.4.4 排序性能

排序性能是指度量方法对 Top-k 节点正确排序的能力，各方法的实验过程如下：建立各节点 $F(t)$ 值与度量值的二元组，降序排列节点度量值再为每组数对添加正序编号，对 Top-k 节点的 $F(t)$ 取平均，将正序编号及其对应的 $F(t)$ 值建立排序折线图，实验结果如图 2-18 所示。良好排序性能在图像中应表现为向下倾斜的曲线，且曲线尽可能的平滑。实验结果表明 LDDC 及 TIM 的排序性能在不同数据集中总能表现良好。在 p2p-Gnutella08 和 Wiki-Vote 数据集中，TIM 排序表现要优于 LDDC 算法。与此同时，发现 BC 在 p2p-Gnutella08 和 CA-HepTh 上的表现不一致，BC、DC、LC 在 CA-HepTh 中关于 Top-k 节点的排序存在较大偏差。综上，TIM 在该项实验中优势表现明显。

2.3.4.5 影响力最大化

本实验基于 IC 模型求解影响力最大化的应用问题。前面章节相关理论基础部分提到过，影响力最大化问题是在给定网络及传播模型中找到由 k 个种子构成的集合，使该集合最终的影响收益尽可能的多。评价影响力最大化算法的性能主要从运行时间及影响范围两方面判断。运行时间是算法模拟整个传播过程所需的时耗，该值越小越好；影响范围是在相同种子数和同一传播模型下算法最终激活的个体数量，该值越大越好。

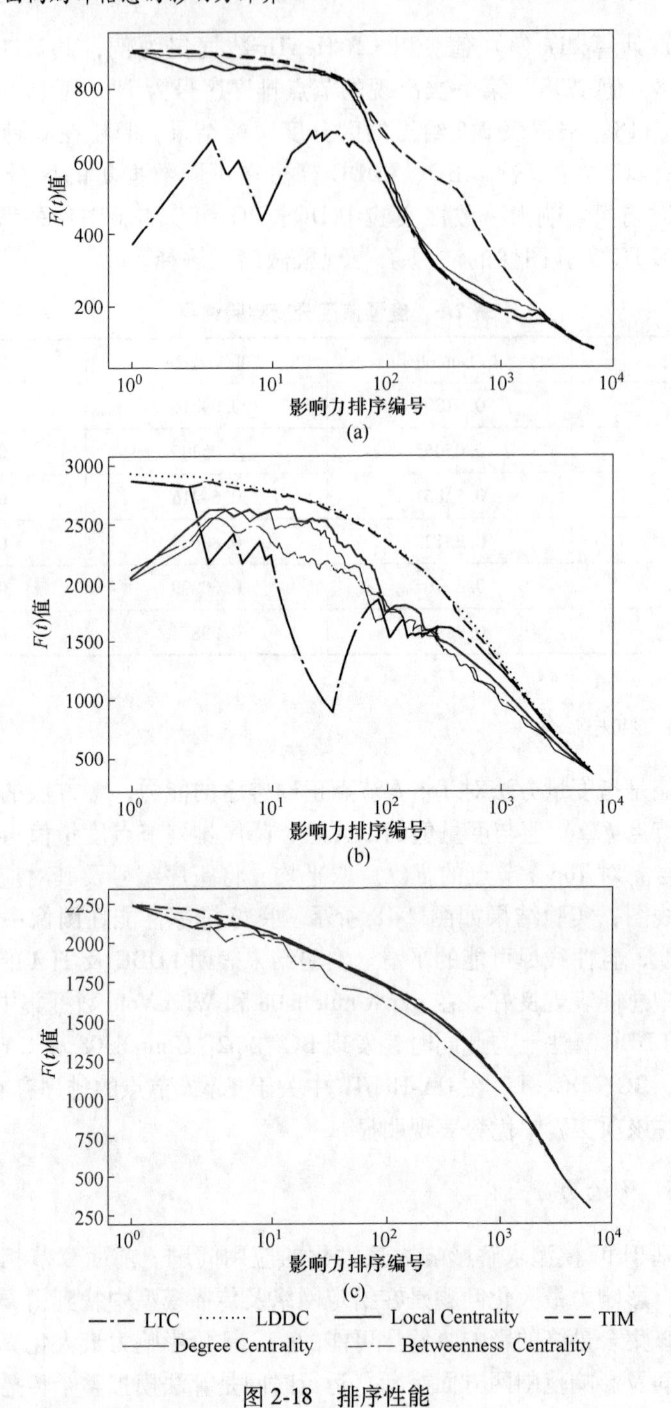

图 2-18　排序性能

（a）p2p-Gnutella08 数据集；（b）CA-HepTh 数据集；（c）Wiki-Vote 数据集

本节选取当前具有代表性的算法开展对比实验，包括：度启发（Degree Heuristic，DH），度折扣（Degree Discount，DD），强连通分量启发（Strongly Connected Components Heuristic，SCC），k 核覆盖算法（k Core Coverage Algorothm，CCA），改进贪心（New Greedy，NG），随机（Random）及密度中心性（Density Centrality，DeC）共 7 种算法，实验结果如图 2-19 所示。其中，CCA 算法的距离参数 d 设为 2，故图 2-19 中 CCA 算法统一标记为 CCA(2)。图中折线上点的含义为：当前种子投放数量对应产生的激活节点数量。

各算法的最终激活节点数是模拟了 10^4 次蒙特卡洛过程后确定的，每个数据集分别在 0.001~0.05 间取 3 个不同的传播概率 p 值，避免特定概率下具有偶然性的实验结果。蒙特卡洛仿真次数是否有效，可根据 Random 算法的实验表现加以判断。在实验结果图中，Random 算法对应的影响收益曲线整体上较为平滑，呈现出走高趋势，说明蒙特卡洛过程是有效的，10^4 次重复后的均值得到了较为稳定的收益数量。根据实验结果，TIM 算法在人工交互网络和幂律分布网络表现优异，且随着传播概率的增加，其表现越发明显，但 TIM 算法在科研合著网络（CA-HepTh）中表现次优。科研合著网络的无向图数据具有一定的特殊性，它存在大规模的完全连通子图。TIM 方法选拔出的部分种子处于完全连通子图中心，其传播能力很难表现，三层的度量层级使 TIM 算法陷入了局部选优的范围，因此，图 2-19（e）中出现了影响传播乏力的现象。图 2-19 中的宏观实验结果表明，随着传播概率和种子数量的增加，TIM 方法对应种子的影响效果显著提高。根据影响最大化的评价指标，TIM 方法在影响力覆盖范围方面优势明显。

TIM 是一种迭代式方法，需反复运算得到稳定排序后确定 Top-k 节点。基于反复的实验观察，三组数据集最少迭代 20 次时方能得到唯一的 Top-k 组合。因此，本节实验中 TIM 方法在各数据集的迭代次数为 20 次。表 2-6 给出了不同数

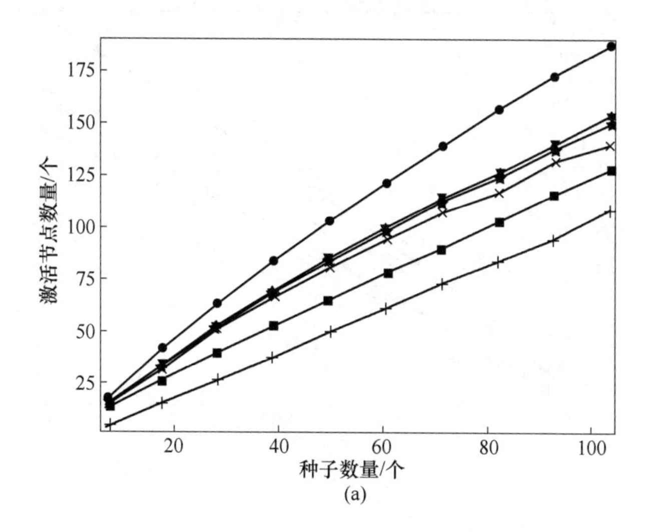

(a)

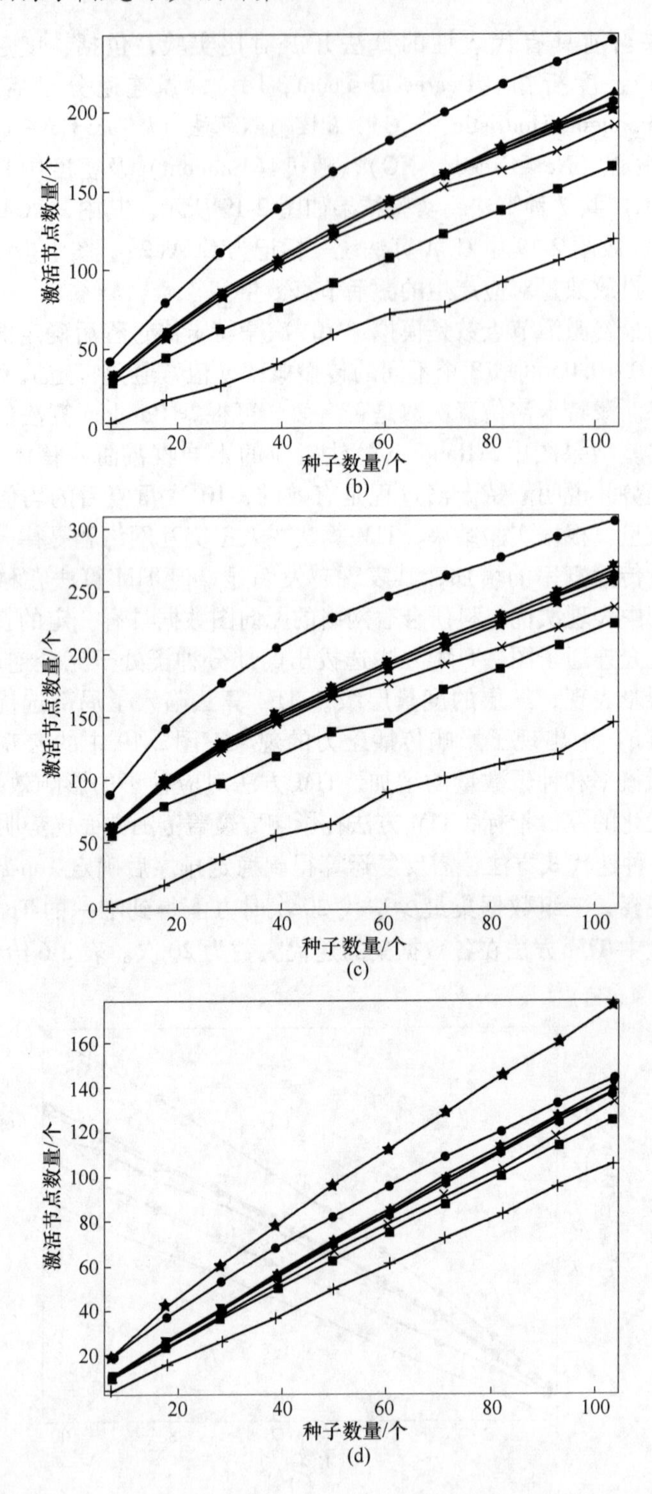
激活节点数量/个
种子数量/个
(b)
激活节点数量/个
种子数量/个
(c)
激活节点数量/个
种子数量/个
(d)

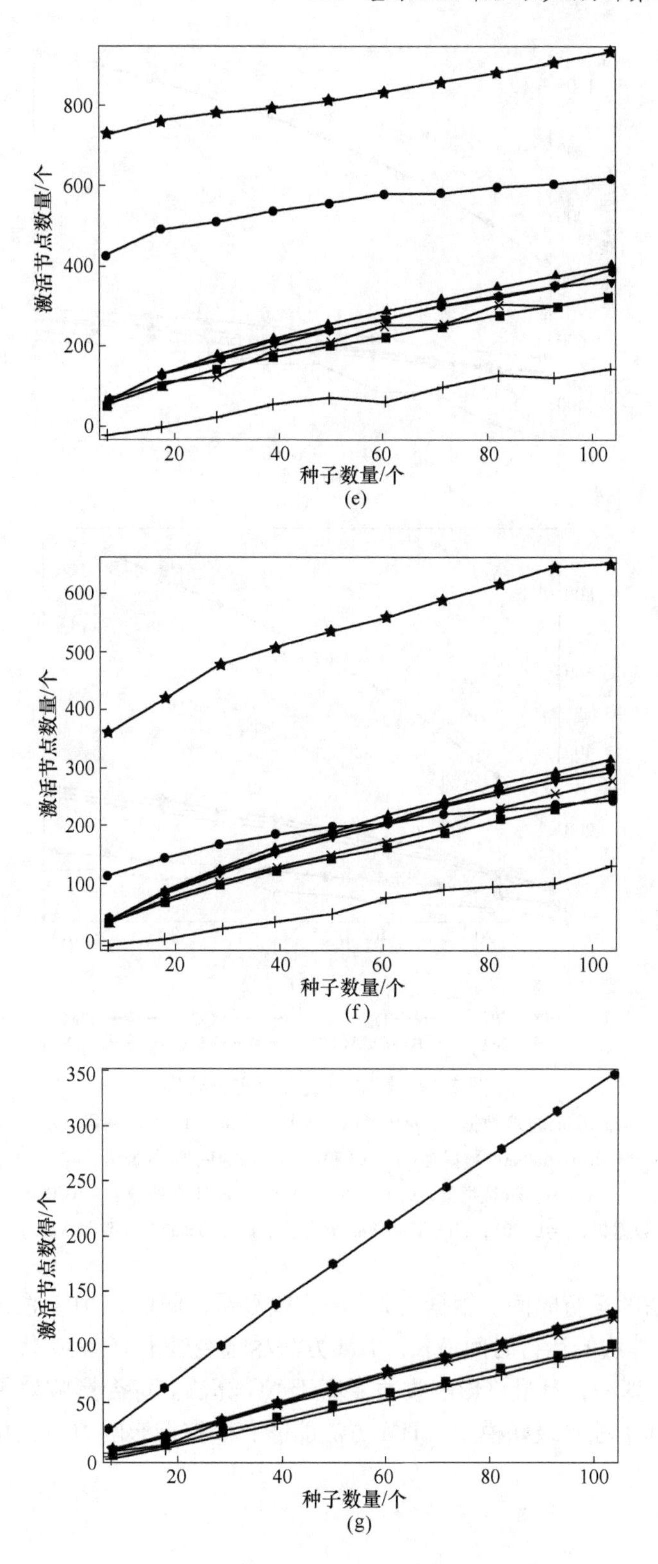

800
600
400
200
0
激活节点数量/个
20
40
60
80
100
种子数量/个
600
500
400
300
200
100
0
激活节点数量/个
20
40
60
80
100
种子数量/个
350
300
250
200
150
100
50
0
激活节点数得/个
20
40
60
80
100
种子数量/个

(e)

(f)

(g)

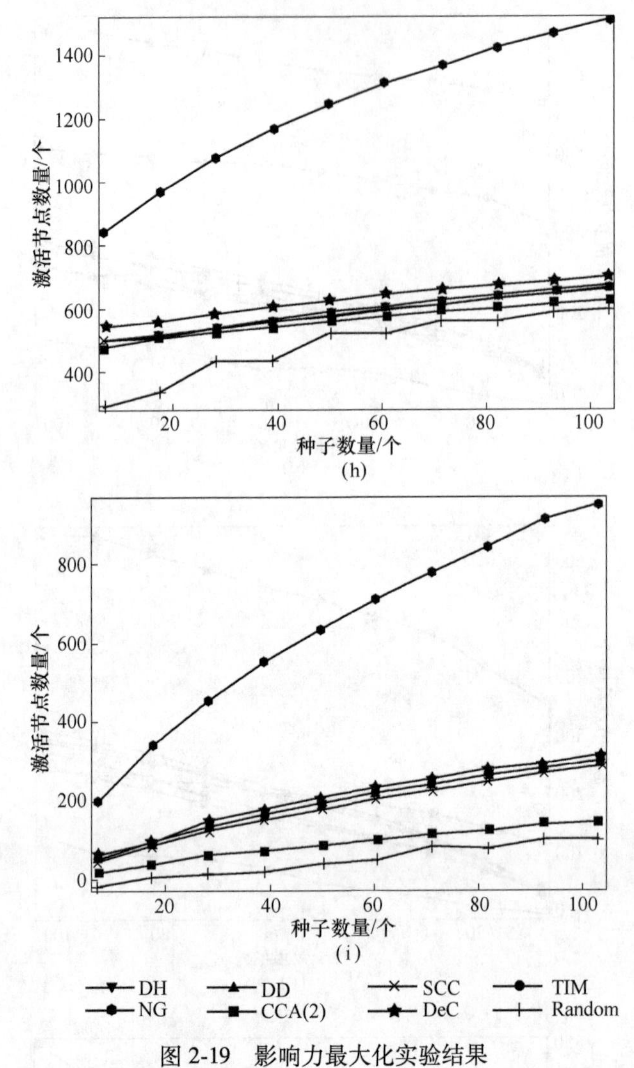

图 2-19 影响力最大化实验结果

（a）p2p-Gnutella08 数据集，$p=0.010$；（b）p2p-Gnutella08 数据集，$p=0.020$；
（c）p2p-Gnutella08 数据集，$p=0.030$；（d）CA-HepTh 数据集，$p=0.010$；
（e）CA-HepTh 数据集，$p=0.025$；（f）CA-HepTh 数据集，$p=0.050$；
（g）Wiki-Vote 数据集，$p=0.001$；（h）Wiki-Vote 数据集，$p=0.005$；（i）Wiki-Vote 数据集，$p=0.010$

据集中各算法的运行时间。根据表 2-6 的实验数据，DH 和 DD 算法的运行时间相对较短，NG 算法的运行时间最长。TIM 方法尽管经过了 20 次迭代，但其运行时长仍小于 NG 算法，且最终影响收益要高于 NG 算法。综合影响效果和运行时耗两个指标，基于独立级联模型，TIM 方法能够有效挖掘影响力最大化问题的关键节点。

表 2-6 运行时间 (s)

数据集	传播概率	DH	DD	Random	SCC	TIM	NG	CCA(2)	DeC
p2p-Gnutella08	p = 0.010	0.022	0.027	0.002	0.025	0.258	0.406	0.041	0.046
	p = 0.020	0.028	0.029	0.003	0.036	0.278	0.415	0.043	0.058
	p = 0.030	0.038	0.034	0.005	0.038	0.320	0.423	0.045	0.063
CA-HepTh	p = 0.010	0.014	0.017	0.0016	0.019	0.194	0.573	0.054	0.030
	p = 0.025	0.021	0.021	0.0025	0.027	0.239	0.645	0.062	0.059
	p = 0.050	0.038	0.045	0.0062	0.034	0.325	0.792	0.076	0.161
Wiki-Vote	p = 0.001	0.141	0.136	0.011	0.157	0.517	1.921	0.434	0.412
	p = 0.005	0.249	0.265	0.026	0.261	0.651	1.947	0.481	0.526
	p = 0.010	0.793	0.776	0.480	0.772	1.153	2.434	0.975	1.001

2.4 本章小结

社交网络节点影响力估算是社交网络的影响最大化问题求解的关键。对于社交网络图的影响力计算，本章结合影响最大化问题先回顾影响力估算的一些具有代表性的研究成果，将其归为统计、仿真和结构特征，然后介绍两种面向局部信息的影响力计算方法：基于两阶段启发的影响力计算；基于三级邻居的影响力计算。从方法的实验结果可看出，本章给出的两种影响力计算方法在解决影响最大化问题上具有较好的效果，在不同的网络具有适用性。

相比于信息传播的仿真模拟获取节点影响力方法而言，基于网络的局部信息度量节点的影响力在时间上具有较大的优势。此外，对于挖掘出的高影响力节点而言，除了考虑节点的影响力，节点影响力的区分度、排序一致性等因素也是衡量节点影响力计算方法的指标。

3　面向全局信息的影响力计算

3.1　引言

在前一章指出可以从节点的局部结构信息和全局结构信息来估算社交网络图的节点影响力。由于影响力计算的相关理论越来越丰富，学者们提出了一系列面向全局信息的影响力计算方法。这些方法的本质都是依据节点在整个网络图中和其他节点的连接情况来计算其影响力。

在社交网络图中，割点连接着图中的连通分量，是图的重要组成部分。文献［52］和文献［53］都证实了割点在网络中扮演着重要角色，在网络的连通性方面起重要性作用，它们一旦失效或被移除，网络都将可能瘫痪。在基于割点的影响力计算小节中，结合影响最大化问题介绍计算方法。

通过第1章介绍的社交网络传播模型和影响概率计算方法，可看出用户对用户的影响强度计算主要是基于直接影响和唯一路径的假设前提，但实际上也存在着多条路径的间接影响，与热量通过多种媒介质传递给目标物体类似。对于社交网络图中的两个节点 u 和 v 而言，u 对 v 的影响可以看作 u 通过多条可达路径对 v 邻居的影响，从而将信息扩散到 v。基于此认识，本章基于独立级联和热量传播模型，介绍面向目标节点的影响力计算方法，并用于求解个性化影响最大化。

3.2　基于割点的影响力求解及应用

割点作为连通分量间的桥梁，是连通性的核心。为此，本书综合考虑社交网络的节点局部结构特征和连通性来评估节点的影响力，进而提出基于割点的启发式算法（CVIM，Cut-vertex-based Influence Maximization）来求解影响最大化问题。

3.2.1　基于割点的影响力计算

在现实生活中，往往存在着一些关键角色，虽然他们可能不是主角，但他们是整个拼图中必不可少的一块（如中介、经纪人、交通枢纽等）。把这些关键角色映射到网络图上，他们就是网络图中的割点。在给出割点的定义之前，必须先提一下连通图和连通分量的基本概念。因为割点是图中的一种特殊的点，它与图的连通性有关。本节通过图例介绍了连通性的相关概念，详细情况如图3-1所示。

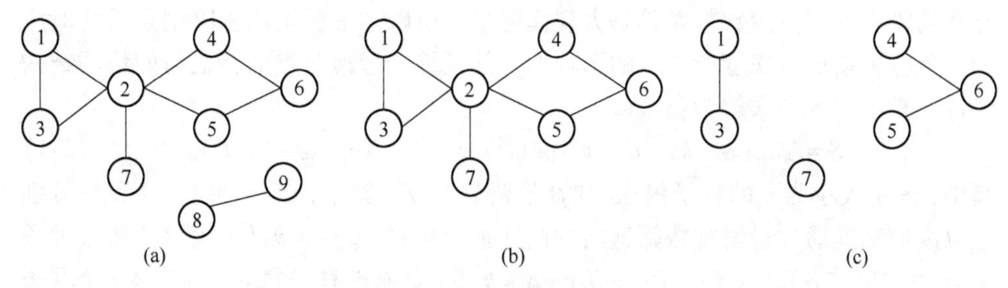

图 3-1 图的连通性示例

(a) G; (b) G_1; (c) G_2

在图 3-1 中，G 是一个无向图，同时也是非连通图。而 G_1 是一个连通图，因为在 G_1 中，任意两个不同的节点之间都存在可达路径。此外，G_1 是 G 的子图，并且如果往 G_1 中加上（8，9）这条边，G_1 就不是连通图。基于这些前提，则可以推断 G_1 是 G 的极大连通子图，同时也可以称 G_1 是 G 的连通分量。因为连通图的极大连通子图就是它本身，所以 G_1 也是 G_1 的极大连通子图，即 G_1 是 G_1 的连通分量，并且是唯一连通分量。G_2 是将 G_1 中的节点 2 以及与节点 2 相关联的边删除后得到的无向图。从图 3-1 中可以看出，G_2 有 3 个连通分量，G_1 只有 1 个连通分量，去除节点 2 以及与节点 2 相关联的边使得图的连通分量增加了，满足这个条件的节点被称为割点，即节点 2 是 G_1 的割点。割点的定义如定义 3-1 所示。

定义 3-1 假设 $G=(V,E)$ 是无向连通图，若存在 $V' \subset V$，且 $V' \neq \varnothing$，将 V' 中的节点和与这些节点相关联的边都从 G 中删除，可以得到两个或两个以上的连通分量，则称 V' 为 G 的点割集。若 $V'=\{v\}$，则称 v 是连通图 G 的割点。

定理 3-1 给定一个无向连通图 $G=(V,E)$，对任意节点 $v \in V$ 都满足 $C_v = w(G-\{v\}) - w(G)$，且 $C_v \geqslant 0$。

其中，C_v 是节点 v 对应的连通分量增加数，$G-\{v\}$ 是从图 G 中去除节点 v 以及它相关联的边后得到的图，$w(G-\{v\})$ 是图 $G-\{v\}$ 中的连通分量数。如果 $C_v>0$，则节点 v 是割点。在图 3-1 中，$C_2>0$，所以节点 2 是割点，它连接着 3 个连通分量。在信息传播过程中，一旦节点 2 被阻塞，3 个连通分量之间就无法传递信息。但如果从节点 2 开始传递信息，3 个连通分量都可达，传播范围变广。本书分别选取度数高的节点和割点进行信息传播对比，如图 3-2 所示。

在图 3-2 中，信息源 A 是度最高的节点，信息源 B 是割点。图 3-2（a）（b）（c）分别是信息源 A 在 $t=0$、1、2 时的传播状态图，图 3-2（d）（e）（f）分别是信息源 B 在 $t=0$、1、2 时的传播状态图。很显然，信息源 A 虽然在传播前期因为邻居节点多而占据优势，但是到了 $t=2$ 时，信息源 B 因为它所处的关键位置而比信息源 A 传播得更广。因此，割点作为种子节点是可行的。但是在实际网络中存在的割点也不占少数，尤其是大规模网络。所以本书提出用去除割点后所对应的连通分量增加数来度量节点的影响力，并且综合考虑节点的特征与网络的结构特征。种子集 S 的求解为：

$$S = \mathrm{Top}(\alpha * k,\ D) + \mathrm{Top}(\beta * k,\ C - \mathrm{Top}(\alpha * k,\ D)) \tag{3-1}$$

其中，S 是大小为 k 的种子集；α 和 β 是调节参数，其中，$\alpha + \beta = 1$；D 和 C 分别是以度值和连通分量增加数筛选出的候选种子集；$\mathrm{Top}(\alpha * k, D)$ 表示从候选种子集 D 中选出前 $\alpha * k$ 个种子；$C - \mathrm{Top}(\alpha * k, D)$ 是候选种子集 C 与前 $\alpha * k$ 个种子集合的差集，防止最终筛选出的种子出现重复。

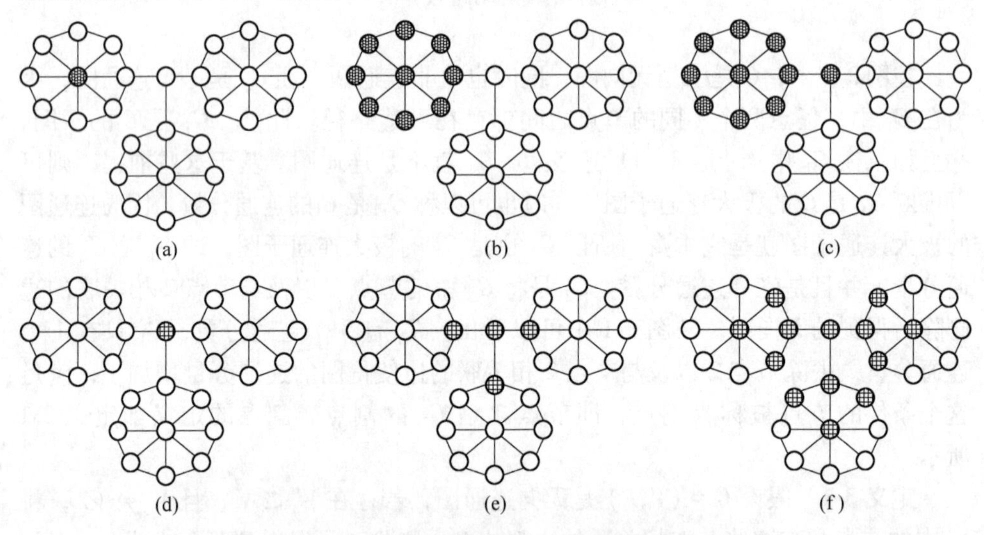

图 3-2　信息传播对比（假设传播概率为 1）

（a）$t=0$；（b）$t=1$；（c）$t=2$；（d）$t=0$；（e）$t=1$；（f）$t=2$

3.2.2　CVIM 算法

为了解决影响最大化问题，本书提出先计算网络图 $G = (V,\ E)$ 中节点对应的连通分量增加数，然后再根据节点度数排序挑选出影响力最大的 $\alpha * k$ 个种子节点，根据节点对应的连通分量增加数排序挑选出除之前挑选出的种子之外的 $\beta * k$ 个种子节点。CVIM 算法的流程如图 3-3 所示，具体的求解过程见算法 3-1 和算法 3-2。

传统的求解割点的算法是删除一个节点，然后再使用 DFS 算法遍历图，如果图的连通分量增加，则删除的节点是割点。这种求解割点的算法需要使用 $|V|$ 次 DFS 算法，而本书使用的算法仅仅需要将所有的节点和边访问一次即可，即时间复杂度仅为 $O(|V| + |E|)$ 就能找出图中所有的割点，并求出其所对应的连通分量增加数。图 3-4 所示为一个割点求解实例。

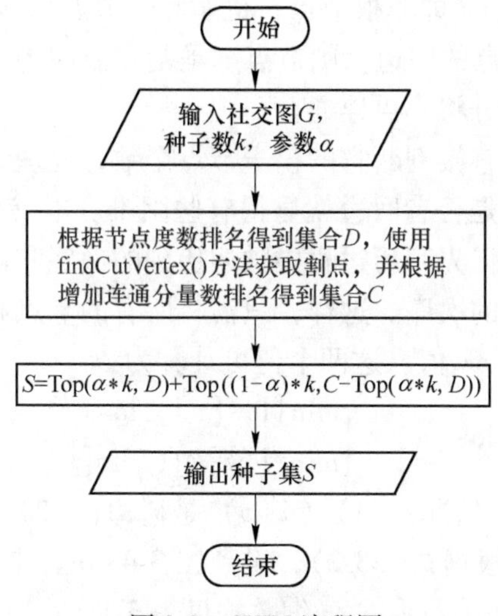

图 3-3 CVIM 流程图

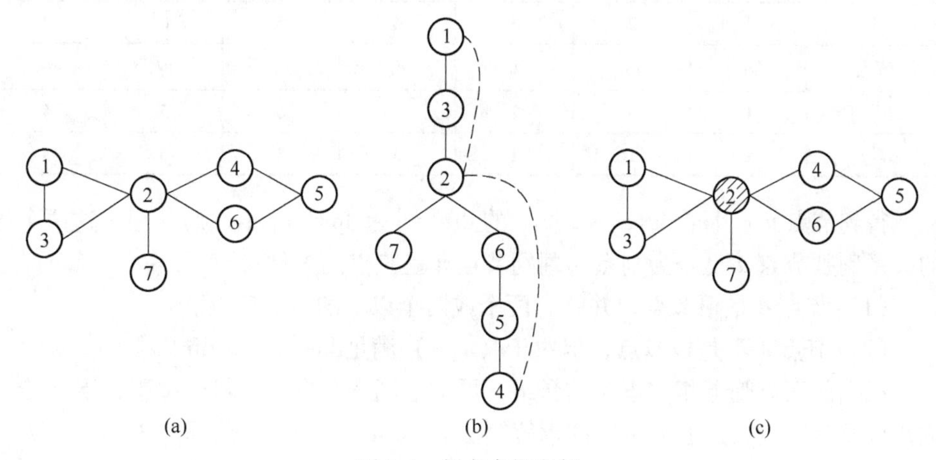

图 3-4 割点求解实例

（a）社交网络图 G；（b）G 的深度优先生成树；（c）G 的割点 v_2

图 3-4 中的子图（b）所示为从节点 v_1 出发深度优先搜索遍历子图（a）所得的深度优先生成树。子图（b）中的实线代表树边，虚线代表回边（即不在生成树上的边）。观察深度优先生成树的结构，可以发现有两类节点可以成为割点。这两类节点的具体情况如下：

（1）对于根节点 u，若它有两棵或两棵以上的子树，则该根节点 u 是割点。因为深度优先生成树中不存在连接不同子树中顶点的边，所以，如果删除根节点 u，生成树变成为森林。

（2）对于分支节点 v（即非根节点，也非叶子节点），若它的子树的节点都没有指向节点 v 的祖先节点的回边，则节点 v 是割点。因为如果删除节点 v，它的子树和生成树的其他部分将不再连通。

对于根节点，可以直接判断它的孩子节点个数，处理十分简单。但是对于非根节点，判断节点之间是否有回边就显得有些困难。本书采用 dfn[u] 和 low[u] 分别记录节点 u 在深度优先遍历过程中被遍历到的次序和记录节点 u 或它的子树追溯到最早的祖先节点的次序。这样，只需将所有的节点和边遍历一次，就可以更新所有节点的 dfn 和 low 值。这两个值可计算为：

$$\text{low}[u] = \begin{cases} \min\{\text{low}[u],\ \text{low}[v]\} \\ \min\{\text{low}[u],\ \text{dfn}[v]\} \end{cases} \tag{3-2}$$

式（3-2）分为两种情况：（1）（u, v）是树边；（2）（u, v）是回边，并且 v 不是 u 的父亲节点。根据式（3-2），得到图 3-4（a）节点 $u \in \{v_1, v_2, \cdots, v_7\}$ 对应的 dfn[u] 和 low[u] 值，详细数据见表 3-1。

表 3-1　图 3-4（a）中各节点对应的 dfn 和 low 值

i	1	2	3	4	5	6	7
节点	v_1	v_2	v_3	v_4	v_5	v_6	v_7
dfn[i]	1	3	2	7	6	5	4
low[i]	1	1	1	3	3	3	3

得到节点 $u \in \{v_1, v_2, \cdots, v_7\}$ 的 dfn[u] 和 low[u] 值之后，根据这两个值的关系判别节点 u 是否为割点。判别节点 u 是割点的条件：

（1）节点 u 是根节点，并且有两个或两个以上的孩子节点。

（2）节点 u 不是根节点，但对于（u, v）满足 low[v] ≥ dfn[u]。

根据前面对割点相关概念的介绍，再加上图 3-4 的求解割点过程，下面给出割点以及其对应的连通分量数的求解算法 findCutVertex( )（见算法 3-1）。

在算法 findCutVertex( ) 中，第 1~4 行是初始化阶段，初始化一个空栈 s，次序标记 time 和子树数量 children，以及节点 u 对应的连通分量增加数 cut[u]，并为节点 u 设置 dfn[u] 和 low[u] 初值，然后将节点 u 放入栈 s 中。第 5~20 行是迭代阶段，更新节点 u 的 dfn[u] 和 low[u] 值。其中，第 5~7 行是先判断节点 u 是否为根节点，如果节点 u 是根节点，则割除节点 u 时需要先对节点 u 对应的连通分量增加数进行减 1 操作。第 9~16 行是当（u, v）为树边时，先递增子树数量 children，然后递归求出 low[v] 用来更新 low[u] 的值。若节点 u 是根节点并有两个或两个以上的子树时，节点 u 对应的连通分量增加数量加 1；若节点 u 不是根节点但 low[v] ≥ dfn[u] 时，节点 u 对应的连通分量增加数量也加 1。第 17~19 行是（u, v）为回边时的情况，这时需要根据式（3-2），对 low[u] 的取值进行判断，最后返回 $cut[u]$ 和 low[u]。根据表 3-1 和算法 3-1，可以得出图 3-1 中的割点为 v_2，并且 v_2 对应的连通分量增加数为 2。

算法 3-1：findCutVertex(u, G)

```
Input:    G: a social graph, u: the initial vertex of G
Output: cut: an iterator, key is node, value is increase of connected components,
        low: an arrary
1 Initialize an empty stack s;
2 Time, children, cut[u] = 0;
3 dfn[u], low[u] = time + +;
4 s. push(u);
5 if u is root then
6     cut[u] --;
7 end
8 for each (u, v) in G do
9     if v is not visited then
10        children + +;
11        cut[v], low[v] = findCutVertex(u, G);
12        low[u] = min(low[u], low[v]);
13        if (u is root and children≥ 2) or (u is not root and low[v] ≥ dfn[u]) then
14            cut[u] + +;
15        end
16    end
17    else if v in s then
18        low[u] = min(low[u], dfn[v]);
19    end
20 end
21 renturn cut[u], low[u];
```

算法 findCutVertex() 获得了割点以及它所对应的连通分量增加数。然后再根据节点的度数，结合式（3-1）就可以评估节点的影响力值，并根据影响力值筛选出种子节点集 S。具体的求解过程如算法 3-2 所示。

算法 3-2：CVIM(G, k, α)

```
Input:    G: a social graph, k: the number of seed, α: aconstant
Output: S: a seed set
1 Initialize an empty set S;
2 Get the rank of node on degree D;
3 for (i = 0; i≤ α * k; i + +) do
4     S. add(D. key)
```

```
5 end
6 for u in V do
7     cut[u], low[u] = findCutVertex(u, G)
8 end
9 Sort cut
10 for (i = 0; S.size ≤ k; i + +)do
11   S.add(cut.key)
12 end
13 return S;
```

算法 CVIM 中，第 1 行先初始化种子集 S。第 2~5 行，根据节点的度排序，获取前 $\alpha * k$ 个种子节点。第 6~12 行，先根据算法 3-1 获取节点所对应的连通分量增加数，再根据它排序，获取剩下的 $k-\alpha * k$ 个种子节点。最后返回种子集 S。

在算法 findCutVertex( ) 中，找出连通图中的割点并记录它所对应的连通分量增加数的时间复杂度仅为 $O(|V|+|E|)$，而在算法 CVIM 中，获取节点度排序的时间复杂度为 $O(|V|)$，获取所有节点对应的连通分量增加数的时间复杂度为 $O(|V| * (|V|+|E|))$，所以，综合两个算法的时间复杂度为 $O(|V| * (|V|+|E|))$。

3.2.3　实验数据及参数设置

为了验证 CVIM 算法求解影响最大化问题的有效性，本实验在 4 个真实的开源网络数据集 anybeat、brightkit、epinions 和 HepPh 上进行仿真，其中，数据集 anybeat 是从在线社交平台 anybeat 上收集到的用户关系网络，数据集 brightkite 是从基于位置的网络服务网站的开源 API 获取到的友谊网络，数据集 epinions 是从在线社交网站 epinions 上获取到的信任关系网，数据集 HepPh 是来自 Arxiv 网站上的高能物理合作网络。数据集的基本信息见表 3-2。

表 3-2　实验数据集的基本信息

数据集	节点数	边数	平均度	直径	聚类系数
anybeat	12645	67053	10	3	0.227469
brightkite	56739	212945	7	5	0.173379
epinions	26588	100120	7	5	0.135164
HepPh	11204	117619	19	4	0.611483

实验采用传染病模型进行信息传播模拟，其中，感染概率 l 为 0.1，恢复率 g 为网络平均度的倒数，传播步长为网络直径（网络直径是网络的平均路径长度，

代表了网络的一定特征。将传播步长设置为网络直径更贴近现实生活中的信息传播)。感染率 l 和恢复率 g 的取值都是基于传染病模型的信息传播仿真实验的常见取值，参见文献［55］和文献［48］。

由于 CVIM 算法是根据式（3-1）来选择种子节点，因此，需要先确定式（3-1）中的参数 α 和 β，然后才能从候选种子集 D 和 C 中筛选出种子节点。本书设计了实验来确定这两个参数，由于 $\alpha+\beta=1$，只要确定其中一个参数，另一个也就显而易见了。因此，通过信息传播模拟，根据参数 α 在不同取值时，获取到的种子节点的激活节点数来评估参数的优劣，实验结果如图 3-5 所示。

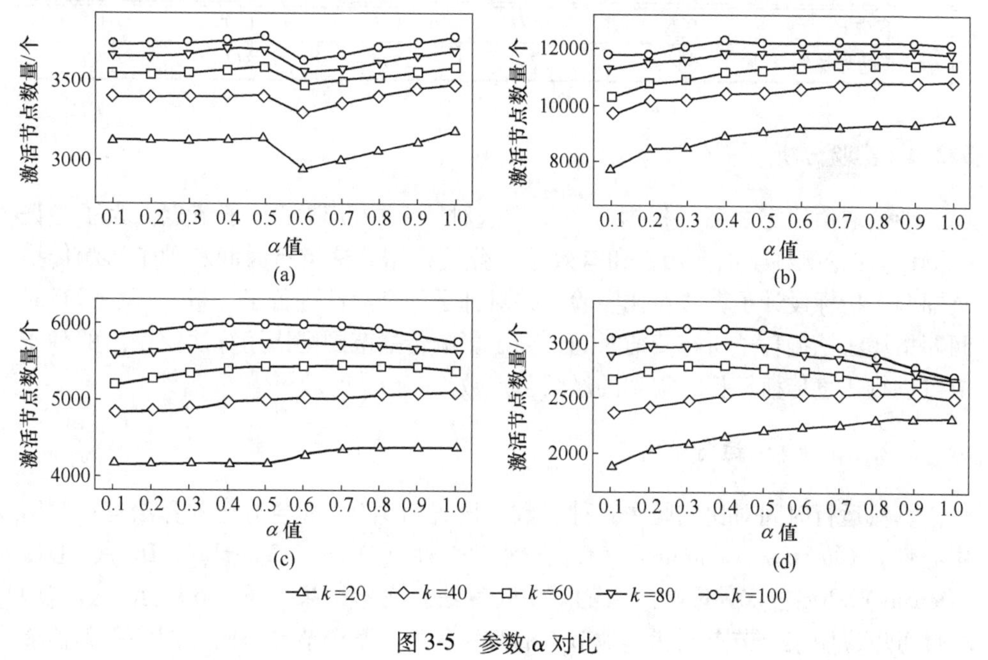

图 3-5 参数 α 对比

（a）anybeat 数据集；（b）brightkite 数据集；（c）epinions 数据集；（d）HepPh 数据集

在图 3-5 中，横坐标是参数 α 的取值，纵坐标是种子节点最终激活节点数（即影响传播范围）。此外，考虑到种子集大小 k 对结果的影响，还对比了在 k 取不同值的情况下，参数 α 对应的激活节点数的变化。根据实验结果，可以看出 k 小于 40 时，激活节点数大体呈上升趋势，因为种子集小时，度更能充分发挥它的前期优势；而当 k 大于 40 时，激活节点数先呈上升趋势，在参数 $\alpha=0.5$ 时，激活节点数达到峰值，α 取值大于 0.5 时开始呈下降趋势，因为此时割点占据主导地位。这也印证了图 3-5 表现出的现象。对于数据集 anybeat 出现上升、下降、上升的趋势，是因为 α 取值从 0.5 到 0.6 时，从 anybeat 数据集挖掘的种子节点间影响力重叠增加量最多（见表 3-3，k 设置为 100，以 $\alpha=0.1$ 时的种子间边条数为基准），导致激活节点数急剧下降，之后得到缓解，从而又开始上升，这是数据集的特殊性。而数据集 brightkite 大体出现上升趋势，只有 $k = 100$ 这条曲线有上升、下降的趋势，这是因为该数据集的规模相对较大，而种子集大小就显得较小，从而激活节点数的峰值点滞后。数据集 epinions 也出现了轻微的滞后现象，而数据集规模相对较小的 HepPh 则没有出现滞后现象。综合 4 个数据集的模拟结果，实验将参数 α 设置为 0.5，即参数 β 也为 0.5。

表 3-3　anybeat 数据集种子影响力重叠分析

参数 α	0.1	0.2	0.3	0.4	0.5
种子间边增加量	0	44	92	206	382
参数 α	0.6	0.7	0.8	0.9	1.0
种子间边增加量	384	274	276	314	368

3.2.4　实验分析

参数取值确定之后，根据参数从候选种子集中获取了种子节点。为了验证 CVIM 算法挖掘种子的实用性和有效性，分别根据算法运行时间和种子影响传播范围两个指标设计了算法对比实验，并对种子的富集性进行了分析。算法运行时间即指算法挖掘种子所花费的时间，种子影响传播范围则指用算法挖掘出的种子节点进行信息传播模拟，得到的激活节点数。

3.2.4.1　算法运行时间

算法运行时间对比实验中，种子数 k 设置为 100。参与对比的算法有：紧密中心性（Closeness Centrality，CC）、度中心性（Degree Centrality，DC）、密度（Density）和混合多种影响因素的 MCIM 算法。实验结果如图 3-6 所示。紧密中心性可以表明某个节点到达其他节点的难易程度。某个节点与同一网络中其他节点的平均距离越小，说明该节点的紧密中心性越大。节点 v 的紧密中心性的计算公式为

$$C_v = \frac{n-1}{\sum_{i \neq v} d_{vi}}$$

其中，n 表示网络中节点的总数目；d_{vi} 表示节点 v 到网络中其他节点的平均最短距离。紧密中心性可以表明某个节点的中心性，在研究中应用广泛。密度方法通过考虑 3 阶邻居以内的两个节点之间的度和距离来定义每个节点的密度，并利用面积密度公式对节点的重要性进行排序，该方法具有较好的性能。MCIM 算法定义了直接和间接影响传播的两个标准，以及节点与种子集之间的直接和间接重叠，然后利用 TOPSIS 方法选择一组有影响的节点作为扩散过程的初始种子集，使该节点集的影响扩散最大，重叠最小。

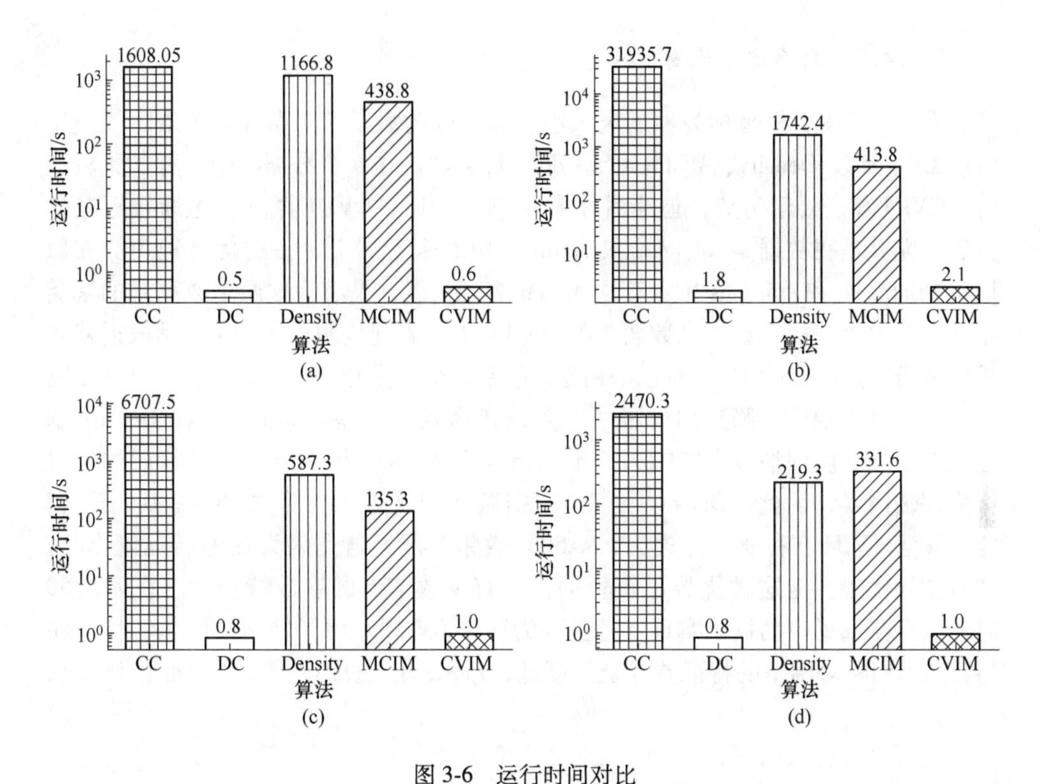

图 3-6 运行时间对比

(a) anybeat 数据集；(b) brightkite 数据集；(c) epinions 数据集；(d) HepPh 数据集

在图 3-6 中，横坐标为 5 种算法，纵坐标是各个算法挖掘 100 个种子节点所消耗的时间。从图 3-6 可以看出，算法 CC 挖掘种子所耗时间最长，这是因为算法 CC 挖掘种子过程中需要反复地遍历路径，十分耗时，这一特点在网络直径较大的数据集 brightkite 和 epinions 上特别明显。算法 DC 挖掘种子所耗时间最短，算法 CVIM 与算法 DC 基本持平，差距仅在 0.3s 以内。因为算法 DC 仅需要统计节点邻居个数，极少时间内就能完成。算法 CVIM 除了需要统计节点邻居个数之外，还要统计节点对应的连通分量增加数，所以比算法 DC 多花了些时间。算法 Density 虽然也是统计节点邻居个数，但它需要统计 3 级邻居，所以花费时间比算法 DC 和算法 CVIM 多。相比算法 Density，算法 MCIM 仅考虑了 2 级邻居，在稀疏的社交网络上，去重操作花费时间并不多，所以一般情况下的运行时间比算法 Density 少。但在聚类系数较高的数据集 HepPh 上，算法 MCIM 的去重操作需要花费不少时间，所以运行时间比算法 Density 长一些。算法 CVIM 在 4 个数据集上的运行速度比算法 CC、Density 和 MCIM 平均快 9089 倍、790 倍和 280 倍。从图 3-6 中的整体表现中可以看出，算法 CVIM 拥有很高的时间效率，因此，它在运行时间指标上具有一定的优势，更适用于大规模网络。

3.2.4.2 影响传播范围

在图3-7中，横坐标为种子集大小，纵坐标为激活节点数量，5条曲线分别对应CC、DC、Density、MCIM和CVIM 5种算法。在4个数据集中，种子集较小时，CVIM算法处于劣势，但当种子集逐渐变大时，CVIM算法也逐渐接近其他算法，尤其是在数据集anybeat和epinions中后来者居上，占据优势地位。在数据集brightkite和epinions中，算法MCIM表现一般，是因为这两个数据集的聚类系数相对较小，而在聚类系数较大的HepPh中，表现抢眼。算法CC是根据路径长度度量节点的影响力，因此，在网络直径较小的数据集anybeat上，节点影响力的区分度比较低，筛选出的种子节点的传播效果较差。算法DC和Density都是根据节点的度评估节点影响力，不同点在于Density将2级和3级邻居的度也作为评估因素，因此，Density比DC占据微弱的优势。与算法DC和Density相比，算法CVIM在种子集小时（$k<50$）效果一般，这是因为在种子集较小时，度占主导优势，但这种优势是短暂的，只有少数节点的度数特别大。在$k>50$时，割点获取了主动权，实现反超。因为算法CVIM考虑了网络的结构特性，使得算法CVIM对网络的特征差异敏感度低，对网络的适配度较高。因此，比算法

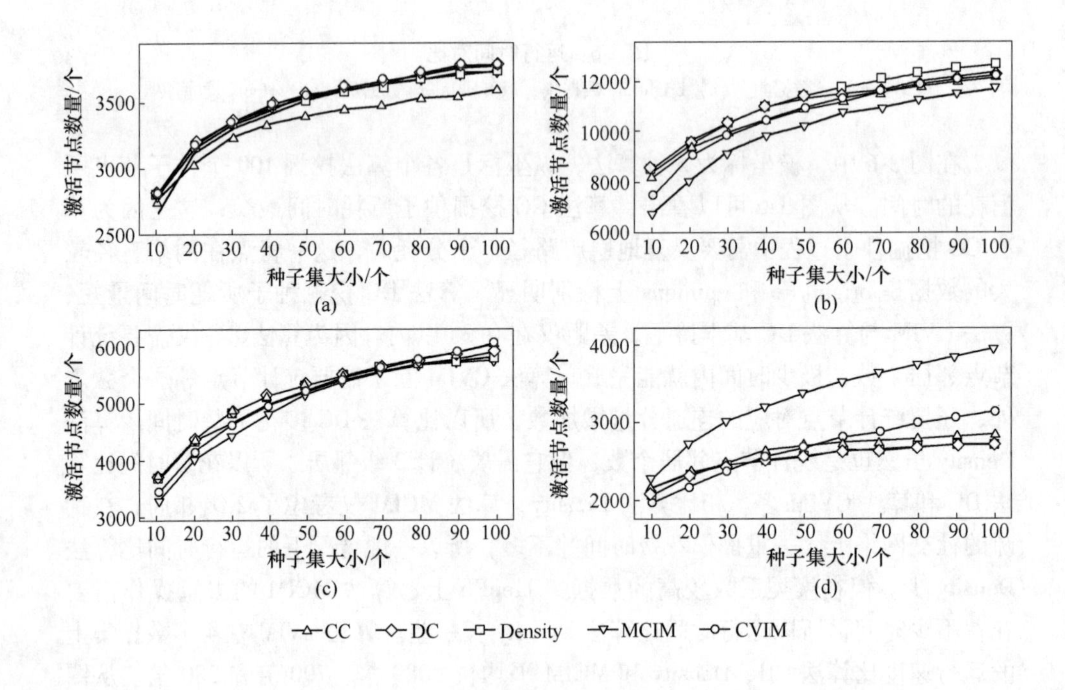

图3-7 影响传播范围对比

（a）anybeat数据集；（b）brightkite数据集；（c）epinions数据集；（d）HepPh数据集

MCIM 和 CC 都稳定。综合 4 个数据集上的实验结果来看，随种子集大小的增加，算法 CVIM 对应种子的影响传播范围稳步扩大，受到其他因素的干扰较小，因此，算法 CVIM 具有一定的优势。

3.2.4.3　种子富集性对比

为了进一步验证 CVIM 算法的有效性，还设计了种子间紧密性实验，探究各算法所选种子是否存在"富人俱乐部"现象。"富人俱乐部"现象是复杂网络的一种结构属性，可以用来区分幂律拓扑。它表现为"富人"节点之间的连通性远远高于其他节点。即"富人"节点之间紧密性远远高于其他节点。本实验中的"富人"节点即指种子节点。该实验的设计思路：首先读取社交图 G，再读取各算法选出的种子节点，匹配种子节点间边的条数，若边的条数越多，说明种子间的紧密性越高，它们的影响力重叠量越大，"富人俱乐部"现象越明显。实验设置种子集大小为 100，实验结果如图 3-8 所示。

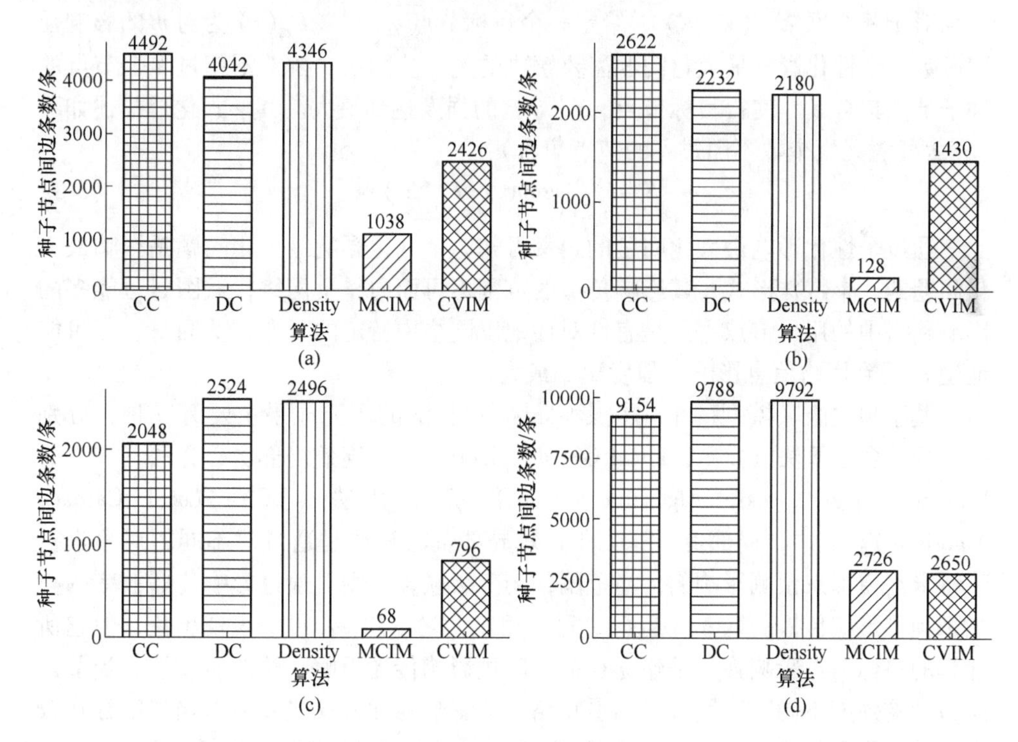

图 3-8　种子富集性对比

（a）anybeat 数据集；（b）brightkite 数据集；（c）epinions 数据集；（d）HepPh 数据集

在图 3-8 中，横坐标是 5 种算法，纵坐标是算法挖掘出的种子节点之间的边条数。在 4 个数据集中，算法 CC、DC 和 Density 挖掘出的种子，它们的紧密性偏高，进一步解释了图 3-7 中这 3 种算法的表现一般的结果。算法 CC 的种子富集性比算法 CVIM 和 MCIM 平均高 2.4 倍和 14.6 倍，算法 DC 的种子富集性比算法 CVIM 和 MCIM 平均高 2.5 倍和 15.5 倍，算法 Density 的种子富集性比算法 CVIM 和 MCIM 平均高 2.5 倍和 15.4 倍。算法 MCIM 是因为它考虑了影响覆盖因素，所以种子间的紧密性较低。在数据集 HepPh 中，算法 MCIM 挖掘的种子紧密性高于 CVIM 是因为该数据集的聚类系数明显比其他数据集高。综合 4 个数据集上的表现，除去算法 MCIM，CVIM 体现出了割点的优势，一定程度上消除了“富人俱乐部”现象。

3.3　面向目标节点的影响力求解

随着“自媒体（We-Media）”这种平民化、普泛化媒体形式的兴起，个人价值在商业营销中的作用逐渐突显，寻求高效的个性化影响最大化解决方案无疑是时代对社交网络数据分析人员提出的新要求。

对于一个网络 $G(V, E)$，给定一个目标节点 $v_t \in V$，$P_{v_t}(\cdot)$ 为对 v_t 的影响强度函数，个性化影响最大化问题需要解决的是：从网络中挑选不超过 k 个节点的种子节点集合 S，使得目标节点 v_t 受影响的强度达到最大。其形式化地描述如下（S_i 为任意元素个数不超过 k 的节点集合）：

$$S = \underset{S_i \subseteq V \setminus v_t,\ |S_i| \leqslant k}{\operatorname{argmax}} P_{v_t}(S_i) \tag{3-3}$$

通过个性化影响最大化问题的定义可知，个性化影响最大化问题是影响最大化问题的一个特殊形式，其影响传播的范围不再面向整个网络，试图尽可能多的影响网络中的用户节点，而是有针对性地以网络中特定的节点 v_t 为目标，尽可能地使 v_t 受到网络信息影响的强度达到最大。

基于独立级联模型的个性化影响最大化算法的研究成果主要有三种，分别是：局部贪心算法（LGA，Local Greedy Algorithm）、高效局部贪心算法（ELGA，Efficient Local Greedy Algorithm）、局部级联算法（LCA，Local Cascade Algorithm）。其中，局部贪心算法和高效局部贪心算法是通过对不同的对象进行蒙特卡洛模拟来预测影响的传播范围，局部级联算法则是通过影响传播概率的叠加来预测影响传播。LCA 在运行时间上相比 LGA、ELGA 可谓表现出色，但它所计算的目标节点影响强度是建立在节点间边影响传播强度一致的假设下，当节点间边影响强度不同时，用节点间最短路径的影响强度来反映实际影响强度存在较大误差，因而算法所求得的初始用户集合无法达到最佳影响传播效果。随后，郭静等人提出了基于线性阈值模型下的面向目标节点的影响力计算方法。

3.3.1　基于独立级联模型的个性化影响最大化

针对个性化影响最大化，采用网络节点与目标节点邻居之间的最大影响路径联合计算其对目标节点的影响强度。下面给出相关的基本概念。

定义 3-2 路径。给定在图 $G(V, E)$ 游走的途序列 $W = v_0e_1v_1e_2v_2\cdots e_{q-1}v_{q-1}e_qv_q$，在 W 中，顶点与边交错出现。假设 W 中的边 e_i 、e_j $(i \neq j)$ 互异，点 v_i 、v_j $(i \neq j)$ 互异，则称 W 为路径，表示为 $\text{path}(v_0, v_q)$ 。路径的起点和终点分别为 v_0、v_q ，内顶为 v_1、v_2、$\cdots$ 、v_{q-1} 。

定义 3-3 路径影响强度。在社交网络图 $G(V, E)$ 中，若存在一条路径 $\text{path}(v_0, v_q)$ ，起点 v_0 的信息影响沿路径 $\text{path}(v_0, v_q)$ 传播至终点 v_q 的强度为 $\text{path}(v_0, v_q)$ 的路径影响强度，记为 $P_{\text{path}(v_0, v_q)}$ 。

$$P_{\text{path}(v_0, v_q)} = \prod_{e_j \in \text{path}(v_0, v_q)} p_{e_j} \tag{3-4}$$

定义 3-4 节点间影响强度。社交网络中用户节点之间的关系错综复杂，很可能以 v_0 为起点、v_q 为终点的路径在 $G(V, E)$ 存在不止一条。这些影响传播路径共同组成一个以 v_0 为源点、v_q 为汇点的网络 $\text{network}(v_0, v_q)$ ，记 v_0 的网络影响通过 $\text{network}(v_0, v_q)$ 能够到达 v_q 的强度为 v_0 对 v_q 的影响强度，记为 $P_{v_q}(v_0)$。

$$P_{v_q}(v_0) = 1 - \prod_{\text{path}_l(v_0, v_q) \subset N(v_0, v_q)} (1 - P_{\text{path}_l(v_0, v_q)}) \tag{3-5}$$

尽管 $\text{network}(v_0, v_q)$ 缩小了计算 $P_{v_q}(v_0)$ 需遍历 $G(V, E)$ 的范围，但遍历 $N(v_0, v_q)$ 中包含的每一条影响路径来计算网络节点期望影响力仍为 NP-hard，因此提出以多条最大影响路径来联合估算 $P_{v_q}(v_0)$ 的算法。

定义 3-5 最大影响路径。在社交影响传播网络中，若节点 v_0 到 v_q 存在的 l 条不同路径 $\text{path}_l(v_0, v_q)$， 则指定其中一条使得路径影响强度达到最大的路径，称为 v_0 到 v_q 的最大影响路径，其影响强度记为 $P_{\max}(v_0, v_q)$。

$$P_{\max}(v_0, v_q) = \max_{\text{path}_l(v_0, v_q) \subset N(v_0, v_q)} P_{\text{path}_l(v_0, v_q)} \tag{3-6}$$

在独立级联传播模型中，每条网络边的影响传播强度 p_{e_i}（或称影响传播生效概率）是由多种因素共同决定的。社交网络分析人员对用户信息及其网络社交行为特征、相邻用户的同质性及影响网络事件传播的时间、空间等客观因素进行分析，将这些反映用户间影响传播特征的因素综合量化为节点间通过网络边 e_i 传播影响的强度 p_{e_i}（$0 \leqslant p_{e_i} < 1$）。p_{e_i} 值越大，代表用户间关系越紧密，越容易产生影响；相反，p_{e_i} 值越小，代表用户间虽建立关系却不常分享信息，彼此间影响微乎其微。

从最大影响路径定义及式（3-6）可知，欲求解节点 v_0 到 v_q 的最大影响路径，穷举所有连接节点 v_0 到 v_q 的路径并计算其路径影响强度，再从结果中取最大值将耗费大量时间。

为了更加快捷有效地获得最大影响路径并计算 $P_{\max}(v_0, v_q)$， 将边影响强度 p_{e_i} 作如下自然对数函数转换：

$$a_{e_i} = \begin{cases} -\ln p_{e_i}, & 0 < p_{e_i} < 1 \\ \infty, & p_{e_i} = 0 \end{cases} \tag{3-7}$$

则有：

$$P_{\max(v_0,\ v_q)} = \max(\prod_{e_i \in \mathrm{path}_l(v_0,\ v_q)} p_{e_i})$$
$$= \max(\prod_{e_i \in \mathrm{path}_l(v_0,\ v_q)} \mathrm{e}^{-a_{e_i}}) = \mathrm{e}^{-\min(\sum_{e_i \in \mathrm{path}_l(v_0,\ v_q)} a_{e_i})} \tag{3-8}$$

其中，e 为自然常数。

通过将 p_{e_i} 到 a_{e_i} 的转换，将求解 v_0 到 v_q 最大影响路径问题：

$$\max(\prod_{e_i \in \mathrm{path}_l(v_1,\ v_2)} p_{e_i})$$

转换为求解由 v_0 到 v_q、以 a_{e_i} 为边权值的最短路径问题：

$$\min(\sum_{e_i \in \mathrm{path}_l(v_1,\ v_2)} a_{e_i})$$

从而避免穷举所有节点 v_0 到 v_q 的路径所耗费的时间，提高算法求解效率。在求解中，采用加入优先队列的 Dijkstra 算法求解最大影响路径。具体过程如算法 3-3 所示。

算法 3-3：get Max(G = (V, E), v_s, { a_{e_i} | e_i ∈ E })

```
Input: G: a social graph, v_s: the source node, a_{e_i}: weight
Output: D: the minimum distance value of each node to v_s
1 X={v_s}, Y=V/X;
2 for v_i ∈ V do
3 |   if e_{v_i,v_s} ∈ E then
4 |   |   dst(v_i) = a_{v_i,v_s};
5 |   end
6 |   else
7 |   |   dst(v_i) = -1;
8 |   end
9 end
10 D={dst(v_i)};
11 q={(dst(v_i), v_i)| v_i ∈ Y, dst(v_i) >0};
12 heapq. heapify(q);
13 while |Y| >0 && length(q)>0 do
14 |   (dst_min, v_x) = heapq. heappop(q);
15 |   X=X∪{x_x}, Y=Y/v_x;
16 |   for each v_j ∈ N^+(v_x)∩Y do
17 |   |   if dst(v_j)>dst_min+a_{v_j,v_x} || dst(v_j)=-1 then
18 |   |   |   dst(v_j)>dst_min+a_{v_j,v_x};
19 |   |   |   heapq. heappush(q,(dst(v_j), v_j));
20 |   |   end
21 |   end
22 end
23 return D;
```

getMax( ) 记录下节点 $u(u \in V \backslash v_s)$ 到 v_s 的边权值，以数组 D 存储，通过对式（3-7）进行逆转换，进一步得到 u 到 v_s 的影响传播强度：

$$P_{\max(v_i, v_s)} = \begin{cases} e^{-D[v_i]}, & D[v_i] \neq -1 \\ 0, & D[v_i] = -1 \end{cases} \tag{3-9}$$

最大影响路径算法将个性化影响最大化问题的求解分为 3 个步骤：首先，求解网络节点到目标节点前驱邻居的最大影响路径；然后，利用节点经过不同目标节点前驱邻居到达目标节点的最大影响路径联合计算节点对目标节点的影响强度；最后，根据网络节点对目标节点的影响强度选取种子节点，形成种子集。

（1）求解网络节点到目标节点邻居的最大影响路径。考虑到目标节点 v_t 的前驱邻居是其受网络影响的最直接来源，节点 u 对 v_t 的影响在 v_t 之前先传播到 v_j（$v_j \in N^+(v_t)$），再传到 v_t，因此，把 u 对 v_t 的影响分解为 u 对 v_j 的影响和 v_j 对 v_t 的影响。通过 Dijkstra 算法可以求解 u 对 v_t 的前驱节点 v_j 的最大影响路径，继而依据式（3-9）可计算影响传播强度 $P_{\max}(u, v_j)$。

（2）多条最大影响路径联合估算 v_i 对目标节点 v_t 的影响强度 $P_{v_t}(v_i)$。

$$P_{v_t}(v_i) = \begin{cases} 1 - \prod\limits_{v_j \in N^+(v_t)} (1 - P_{\max(v_i, v_j)} \cdot p_{v_j, v_t}), & v_i \in V \backslash (v_t \cup N^+(v_t)) \\ p_{v_i, v_t}, & v_i \in N^+(v_t) \end{cases} \tag{3-10}$$

根据式（3-10），通过联合估算 v_i 到 v_t 的所有前驱邻居节点的影响传播强度以及前驱邻居节点 v_j 对 v_t 的影响强度，可得到 $P_{v_t}(v_i)$ 。

（3）选取种子节点组成种子集。在获得所有节点对目标节点 v_t 的影响强度基础上，对影响强度 $P_{v_t}(v_i)$ 排序，选取 Top-k 高影响强度的节点加入种子集合 S 即可。

3.3.1.1 算法

算法如算法 3-4 所示。算法首先将目标节点 v_t 及其前驱邻居节点集合 $N^+(v)$ 视为关键节点，为在计算非关键节点 $v_i \in V \backslash (v_t \cup N^+(v_t))$ 到目标节点前驱邻居 v_j 的最大影响路径时，因单条最大影响路径包含多个 v_t 前驱邻居而导致路径影响强度计算，移除 $G(V, E)$ 中所有以关键节点为起点的边，生成图 $G^*(V, E^*)$（第 1 行）；接着将 $G^*(V, E^*)$ 中边影响传播强度集合通过自然对数转换成为边权值集合 $\{a_{e_i} | e_i \in E^*\}$（第 2 行）；然后以每一个 v_t 的前驱邻居 v_j 为终点，基于图 $G^*(V, E^*)$ 及集合 $\{a_{e_i} | e_i \in E^*\}$ 求解 v_i 到 v_j 的最大影响路径并计算其影响强度 $P_{\max}(v_i, v_j)$（3~7 行）；根据式（3-9）利用这些经过了 v_t 前驱邻居的最大

影响路径的强度联合计算 v_i 对 v_t 影响 $P_{v_t}(v_i)$（8~10 行）；最后，根据所有网络节点对 v_t 的影响强度选择 Top-k 节点形成种子节点集 S，算法结束（11~13 行）。

算法 3-4：Maximized Influence Path Algorithm

```
Input: G: a social graph, p_{e_i}: the propagation probability of edge, v_t: target node,
       k: the size of seed set
Output: S: the seed set
1 G*(V, E*) = G(V, E) / {e_{u,v} | u ∈ (v_t ∪ N+(v_t)), v ∈ V};
2 {a_{e_i} | e_i ∈ E*} = {p_{e_i} | e_i ∈ E/{e_{u,v} | u ∈ (v_t ∪ N+(v_t)), v ∈ V}, 0 ≤ p_{e_i} < 1};
3 for each v_j ∈ N+(v_t) do
4 |    P_{v_t}(v_j) = p_{v_j, v_t};
5 |    D = {dst(v_i) | v_i ∈ V} = getMax(G*(V, E*), v_i, {a_{e_i} | e_i ∈ E});
6 |    {P_max(v_i,v_j) | v_i ∈ V} = D = {dst(v_i) | v_i ∈ V};
7 end
8 for each v_i ∈ V/ (v_t ∪ N+(v_t)) do
9 |    P_{v_t}(v_i) = 1 - ∏_{v_j ∈ N+(v_t)} (1 - P_max(v_i,v_j) * p_{v_j,v_t});
10 end
11 while |S| < k do
12 |    S = S ∪ argmax_{v_i ∈ V/S} P_{v_t}(v_i);
13 end
14 return S;
```

3.3.1.2　实例分析

在这里，通过一个简单的示例来描述应用最大影响路径算法求解个性化影响最大化问题的过程。

以图 3-9 为例，求解以图中 v_7 为目标节点的个性化影响最大化问题。最大影响路径首先利用 getmax( ) 方法获得每个非关键节点（v_1、v_2、v_3）分别到目标节点前驱邻居（v_4、v_5、v_6）的最大影响路径，图中虚线分别表示 v_1 到 v_4、v_5、v_6 的最大影响路径，对应的路径影响强度分别为 $P_{\max(v_1,v_4)}$、$P_{\max(v_1,v_5)}$、$P_{\max(v_1,v_6)}$，然后计算 v_1 对目标节点 v_7 的影响强度 $P_{v_7}(v_1)$：

$$P_{v_7}(v_1) = 1 - \prod_{v_j \in \{v_4、v_5、v_6\}} (1 - P_{\max(v_1,\ v_j)} \cdot p_{v_j v_7})$$

同理可以计算出 $P_{v_7}(v_2)$、$P_{v_7}(v_3)$；$N^+(v_7)$ 中节点对 v_7 的影响强度为连接两者的边对应的影响传播强度，因此，可得 $P_{v_7}(v_4)$、$P_{v_7}(v_5)$、$P_{v_7}(v_6)$。假设 $k=2$，则根据 $P_{v_7}(v_1)$、$P_{v_7}(v_2)$、…、$P_{v_7}(v_6)$ 的大小，选择对 v_7 的影响强度排在

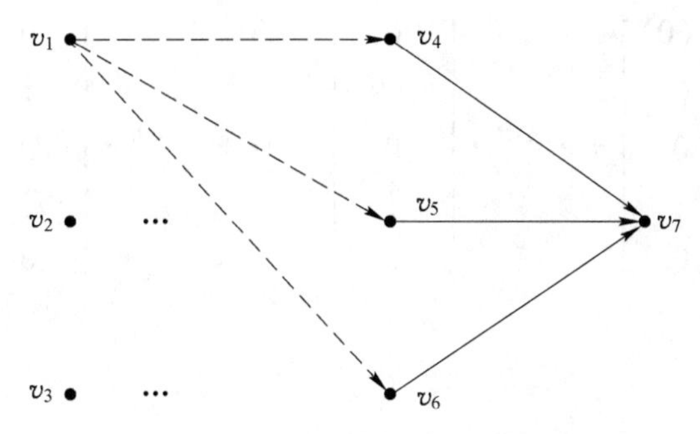

图 3-9 最大影响路径算法示例图

前两位的节点形成种子节点集 S 即为解。

3.3.2 基于热量传播模型的个性化影响最大化

为了利用热量传播来模拟社交网络中信息影响的扩散，从而求解个性化影响最大化问题的目的，首先应对个性化影响最大化问题做相应转化（本节中，为避免与热量传播模型中时间参数 t 产生混淆，影响传播目标节点用 v_x 来表示）。

显然，在热量传播模型中，节点热量对应网络信息影响，并且在影响传播的初始时刻，除种子节点以外大部分网络节点受影响强度为 0，即节点 v_i 热量 $h_i(0)=0$（为避免混乱，下文统一称节点受影响强度）；根据式（3-12）可知，目标节点 v_x 在时刻 t 受网络影响的程度 $h_t(t)$ 取决于 $h_t(0)$ 、导热系数 a 、影响传播时间 t 以及 v_x 与网络中其他节点的连接关系。

因此，基于热量传播模型的社交网络个性化影响最大化问题需要解决的就是：从 $G(V, E)$ 中找到一个包含节点数量为 k 的种子节点集 S ，在影响传播初期赋予种子节点一定的初始影响强度，使经过一段时间到达结算时刻 t 时，目标节点 v_x 受影响程度最大。用 S_i 表示任意元素个数为 k 的节点集合；$\sigma_t(S_i)$ 表示以 S_i 为投放初始影响的种子节点集，经过了影响传播过程，在 t 时刻目标节点 v_x 所受到影响的程度；热量传播模型下的个性化影响最大化问题可形式化地描述如下：

$$S = \underset{S_i \subseteq V \setminus v_x,\ |S_i| \leqslant k}{\operatorname{argmax}} \sigma_t(S_i) \tag{3-11}$$

根据热量传播模型下的个性化影响最大化问题描述可知：在影响传播结算时刻 t 一定的情况下，求解该问题需要计算任意元素个数为 k 的节点集合 S_i 对目标节点的影响程度 $\sigma_t(S_i)$ ，从而找到对目标节点影响程度最大的集合 S 。

分析热量传播模型，根据矩阵乘法左分配律可得

$$\boldsymbol{h}(t) = \mathrm{e}^{\alpha \cdot t \cdot H} \cdot h(0) = \mathrm{e}^{\alpha \cdot t \cdot H} \cdot [h_1(0),\ h_2(0),\ h_3(0),\ \cdots,\ h_i(0),\ \cdots,\ h_n(0)]^{\mathrm{T}}$$

$$
= \mathrm{e}^{\alpha \cdot t \cdot H} \cdot \begin{bmatrix} h_1(0) \\ 0 \\ 0 \\ \vdots \\ 0 \end{bmatrix} + \mathrm{e}^{\alpha \cdot t \cdot H} \cdot \begin{bmatrix} 0 \\ h_2(0) \\ 0 \\ \vdots \\ 0 \end{bmatrix} + \cdots + \mathrm{e}^{\alpha \cdot t \cdot H} \cdot \begin{bmatrix} 0 \\ \vdots \\ h_i(0) \\ \vdots \\ 0 \end{bmatrix} + \cdots + \mathrm{e}^{\alpha \cdot t \cdot H} \cdot \begin{bmatrix} 0 \\ \vdots \\ 0 \\ 0 \\ h_n(0) \end{bmatrix} \tag{3-12}
$$

也就是说：网络节点受影响程度的最终分布 $\boldsymbol{h}(t)$ 是由图 $G(V, E)$ 中每个节点 $v_i \in V$ 初始影响 $h_i(0)$ 传播效果叠加而成的。

在计算任意节点集合 S_i 对 v_x 的影响程度 $\boldsymbol{\sigma}_t(S_i)$ 时，$G(V, E)$ 中大部分节点由于不属于 S_i，其初始受影响程度为0，目标节点 v_x 在影响传播初始阶段受影响程度 $h_x(0)$ 也为0。

若将网络中任意节点 v_i 在时刻 t 对 v_x 的影响程度记为 $\boldsymbol{\sigma}_t(v_i)$，根据定义，$\boldsymbol{\sigma}_t(v_i)$ 为列向量 $\boldsymbol{h}(t) = [h_1(t), h_2(t), \cdots, h_x(t), \cdots, h_n(t)]^{\mathrm{T}}$ 中 v_t 对应的元素的值 $h_t(t)$。因此，在计算 $\boldsymbol{\sigma}_t(S_i)$ 时，只需分别以 S_i 中的 k 个节点为初始影响节点，分配初始影响强度，对其进行热量传播模拟从而获得 $\boldsymbol{\sigma}_t(v_i)$，再对它们求和，即可求得 $\boldsymbol{\sigma}_t(S_i)$。

$$
\boldsymbol{\sigma}_t(S_i) = \sum_{v_i \in S_i} \boldsymbol{\sigma}_t(v_i) \tag{3-13}
$$

进一步分析影响程度函数 $\boldsymbol{\sigma}_t(S_i)$ 可以发现在 t 一定的情况下，影响程度函数 $\boldsymbol{\sigma}_t(S_i)$ 具有子模特性。

定理 3-2 热量传播模型下的特定用户影响程度函数 $\boldsymbol{\sigma}_t(\cdot)$ 在 t 一定的情况下，具有子模特性。

证明：设集合 A 为图 $G(V, E)$ 中的一个节点集合，集合 T 为 A 的一个超集：$A \subseteq T \subseteq V$。在时刻 t，集合 A 对影响传播目标节点的影响程度为 $\boldsymbol{\sigma}_t(A)$，显然，对于集合 A 及它的超集 T，有 $\boldsymbol{\sigma}_t(A) \leqslant \boldsymbol{\sigma}_t(T)$。边际收益 $\Delta\boldsymbol{\sigma}_t(A)$ 表示在 A 中增加一个节点 v 后 $\boldsymbol{\sigma}_t(A)$ 产生的增量：$\Delta\boldsymbol{\sigma}_t(A) = \boldsymbol{\sigma}_t(A \cup v) - \boldsymbol{\sigma}_t(A)$。则要判断集函数 $\boldsymbol{\sigma}_t(\cdot)$ 是否具有子模特性只需讨论 $\Delta\boldsymbol{\sigma}_t(A)$ 与 $\Delta\boldsymbol{\sigma}_t(T)$ 的大小关系：由式（3-13）可知 $\boldsymbol{\sigma}_t(A \cup v) = \boldsymbol{\sigma}_t(A) + \boldsymbol{\sigma}_t(v)$，因此，$\Delta\boldsymbol{\sigma}_t(A) = \boldsymbol{\sigma}_t(v)$，当 $v \notin T$ 时，$\Delta\boldsymbol{\sigma}_t(T) = \Delta\boldsymbol{\sigma}_t(A) = \boldsymbol{\sigma}_t(v)$；当 $v \in T$ 时，$\Delta\boldsymbol{\sigma}_t(T) = 0$，此时 $\Delta\boldsymbol{\sigma}_t(T) < \Delta\boldsymbol{\sigma}_t(A)$。综上所述，热量传播模型下的特定用户影响程度函数 $\boldsymbol{\sigma}_t(\cdot)$ 在 t 一定情况下，满足 $\boldsymbol{\sigma}_t(A \cup v) - \boldsymbol{\sigma}_t(A) \geqslant \boldsymbol{\sigma}_t(T \cup v) - \boldsymbol{\sigma}_t(T)$，因此具有子模特性。

根据社交影响在热量传播模型下的传播规律及目标节点受影响程度函数特性，为在热量传播模型下解决个性化影响最大化问题，提出目标热量贪心算法，选择对目标节点影响程度大的 k 个网络节点形成种子节点集。具体伪代码如算法 3-5 所示。

算法 3-5：目标热量贪心算法（THGA，Target's Heat Greedy Algorithm）

输入：社交网络图 $G(V, E)$
　　影响传播结算时刻 t
　　目标节点 v_x
　　种子节点集大小 k
输出：种子节点集 S

1 $S \leftarrow \varnothing$
2 $G^*(V, E^*) \leftarrow G(V, E) \setminus \{e_{u,v} \mid u = v_x, v \in V\}$
3 for each $v_i \in V \setminus v_x$
4 　　$h(0) = 0$; $h_i(0) = H_0$;
5 　　$h(t) = e^{\alpha \cdot t \cdot H} \cdot h(0)$ execute HDM on $G^*(V, E^*)$ with t;
6 　　$\sigma_t(v_i) = h_x(t)$
7 end for
8 while $|S| < k$
9 　　$S = S \cup \underset{v_i \in V \setminus S}{\operatorname{argmax}} \sigma_t(v_i)$
10 return S

算法首先初始化种子节点集 S（第 1 行）；为了更加准确地收集到达目标节点 v_x 的所有信息影响，避免在模拟影响传播过程中由于信息影响从 v_x 流出到其他网络节点而造成的统计遗漏，目标热量贪心算法在模拟热量传播过程之前删除以 v_x 为起点的边，生成图 $G^*(V, E^*)$（第 2 行）；对网络中每一个非目标节点的节点 v_i 进行如下操作：将网络初始热量向量 $\boldsymbol{h}(0)$ 置 0，赋予 v_i 初始影响 $h_i(0)$ 初始值 H_0，在 $G^*(V, E^*)$ 上模拟热量传播过程，记录影响传播结算时刻 t 时 v_x 的受影响程度 $\sigma_t(v_i)$（3~7 行）；最后将网络中所有非目标节点以其对应的 $\sigma_t(v_i)$ 排序，取前 k 个形成种子集（8~10 行）。算法中，赋予 $h_i(0)$ 的初始值 H_0 是为获得网络节点 v_i 对 v_x 的影响程度 $\sigma_t(v_i)$ 所设置的参数，节点热量的传播结果受初始温度、系统热导率 α 及传播时间共同影响，在能够保证赋予每个网络节点的初始温度一致的情况下，H_0 的大小不影响 $\sigma_t(v_i)$ 的排序结果，因此，对最终种子节点集选取结果无影响。

3.3.3 实验数据及参数设置

为保证实验的可靠性，本实验选取了 3 组统计特性各不相同的社交网络数据集作为实验数据，它们是 Stanford Network Analysis Platform（http://snap.stanford.edu/index.html）提供的开放数据集，各数据集来源与统计特性见表 3-4。

表 3-4 实验数据集描述

项 目	数据集 1	数据集 2	数据集 3
数据集名	p2p-Gnutella08	Wiki-Vote	soc-Epinions1
数据来源	P2P network	Wikipedia vote	Epinions. com
节点数	6301	7115	75，879
边数	20777	103689	508，837
平均聚类系数	0. 0109	0. 1409	0. 1378

其中，数据集 1 是来自 p2p 文件共享网络 Gnutella；数据集 2 是来自维基百科（Wikipedia）的管理员投票关系网络；数据集 3 是提供商品比较信息和购物参考的网站 Epinions. com 中的用户信任关系网络。

实验中作为目标节点的网络节点是从 3 个数据集随机抽取的，分别为：数据集 1 中 ID 号分别为 583、1592 的节点；数据集 2 中 ID 号分别为 363、1389 的节点；数据集 3 中 ID 号分别为 31、1084 的节点。

3.3.4 实验分析

3.3.4.1 独立级联模型下的个性化影响最大化实验

为综合考察最大影响路径算法（MIPA）性能，实验采用局部级联算法（LCA）、LND 算法、随机（Random）算法 3 种个性化影响最大化算法作为基准算法与之对比。

基于独立级联模型的实验所涉及的参数主要有种子节点数 k 以及网络边影响传播强度 p_{e_i}，为使实验结果能更加全面地反映算法性能，从 3 个数据集中随机抽取网络节点分别作为目标节点，在实验参数设置上：种子节点个数 k 取值由 1 到 10；每条网络边的影响强度 p_{e_i} 于实验前期在 0～0. 5 之间随机分配。

图 3-10～图 3-12 为运用不同算法在 3 个数据集上以对应节点为目标节点求解个性化影响最大化的目标节点受到的影响强度对比。实验中经随机抽取作为目标节点的分别为：数据集 1 中 ID 号分别为 583、1592 的节点；数据集 2 中 ID 号分别为 363、1389 的节点；数据集 3 中 ID 号分别为 31、1084 的节点。

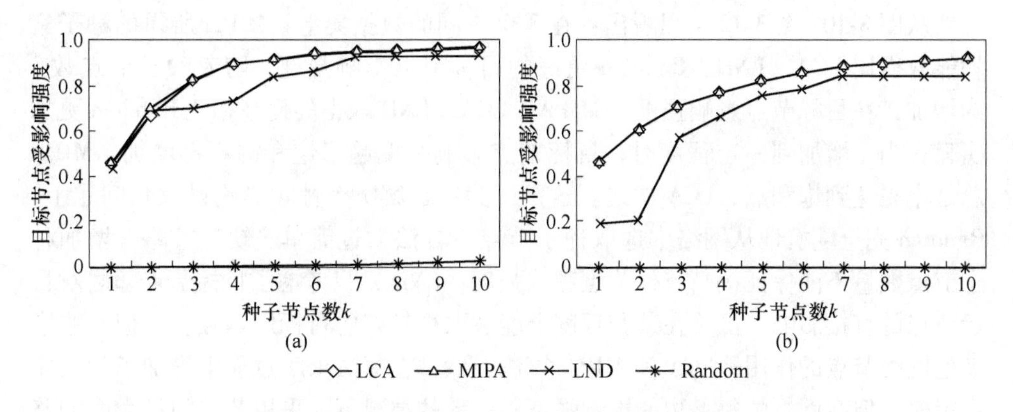

图 3-10 对数据集 1 的个性化影响最大化结果

（a）目标节点 ID=583；（b）目标节点 ID=1592

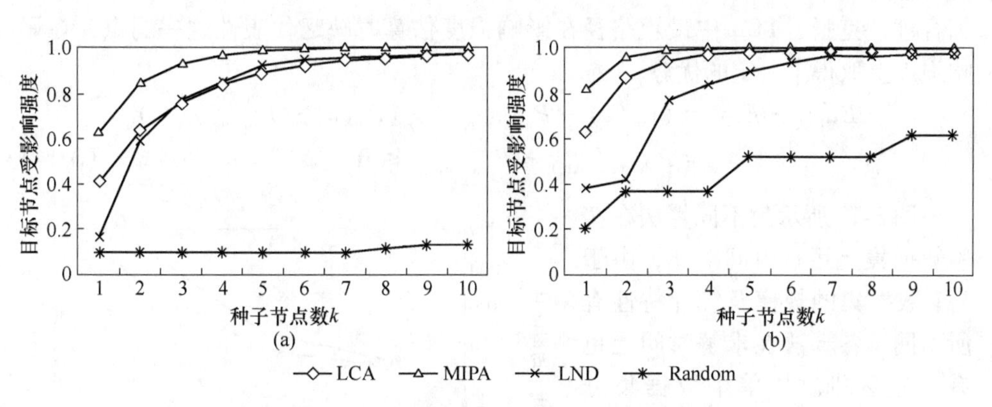

图 3-11 对数据集 2 的个性化影响最大化结果

（a）目标节点 ID=363；（b）目标节点 ID=1389

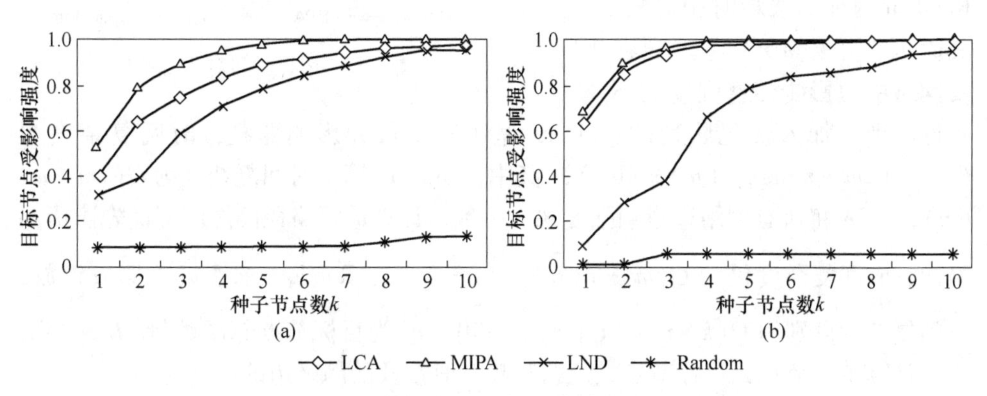

图 3-12 对数据集 3 的个性化影响最大化结果

（a）目标节点 ID=31；（b）目标节点 ID=1084

从图 3-10~图 3-12 可以看出：在 3 个不同的数据集上，MIPA 所得的种子集均能取得比 LCA、LND、Random 更好的目标节点影响强度。随着种子节点数 k 的增加，在目标节点影响强度上 MIPA、LCA、LND 取得的提高相比 Random 更加明显；当 k 增加到一定程度时，目标节点影响强度趋于饱和则不再增加，MIPA 总是率先达到饱和点，LCA 次之。这是因为：在解决个性化影响最大化问题上，Random 完全随机地从网络中选取种子节点，方法太过简单、缺乏策略，增加种子节点数量不能保证提高目标节点影响强度；LND 则只考虑了目标节点邻居对目标节点的直接影响，虽然在某种程度上能够取得较好的目标影响强度，但忽略了其他网络节点的作用；LCA 和 MIPA 算法虽然都在算法求解过程中增加了相关路径策略，但在网络中每条边的影响强度不一致的情况下，采用节点间最大影响路径强度来代表节点间影响而导致的误差 E_{MIPA} 显然小于 LCA 中最短路径导致的误差 E_{LCA}（式（3-14））。正因为 MIPA 算法采用的影响强度计算方法贴近实际、更加合理，克服了 LCA 中最短路径在影响强度估算时缺乏代表性这一弱点，在影响强度上取得了一定的优势。

$$\begin{aligned} E_{\text{MIPA}} - E_{\text{LCA}} &= (P_{v_t}(v) - P_{\max(v,v_t)}) - (P_{v_t}(v) - P_{\text{shortest}(v,v_t)}) \\ &= P_{\text{shortest}(v,v_t)} - P_{\max(v,v_t)} \leqslant 0 \end{aligned} \tag{3-14}$$

图 3-13 所示为不同算法在实验数据集上运行时间对比，由于 3 个数据集的规模及统计特性有所不同，各算法在求解时间上也有一定区别。从单个数据集分析，在算法运行时间方面，MIPA 耗时最长，LCA 次之，LND、Random 两种算法耗时相对较短，其原因在于：MIPA 考虑到在现实网络中边影响传播强度的不一致性，利用加入优先队列的 Dijkstra 算法获得最大影响路径，时间复杂度为 $O(n' \cdot (2m + n \cdot \lg n) + n + n \cdot \lg n)$，其中，Dijkstra 算法时间复杂度为 $O(2m + n \cdot \lg n)$；LCA 将所有网络边影响强度视为一致，计算最短路径仅需广度优先遍历网络图，时间复杂度仅为 $O(m + n(\bar{L} + k))$；LND、Random 求解策略比较粗放，时间复杂度分别为 $O(k \cdot n')$、$O(m)$。其中，n' 为目标节点邻居数量，$\bar{L}$ 为 LCA 算法计算单个节点到目标节点最短路径集合时涉及的网络边的平均值。

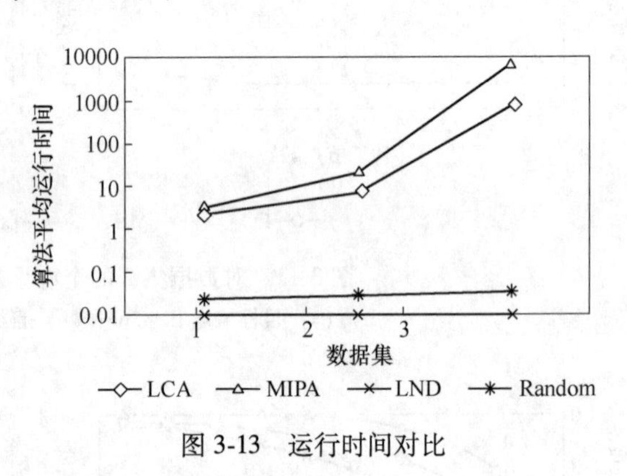

图 3-13　运行时间对比

综合图 3-10~图 3-13 可以看出，在 3 组数据规模及统计特性各不相同的数据集上，本书提出的最大影响路径算法均能取得较好的目标节点影响强度，这说明了 MIPA 具有普遍适用性。MIPA 首先计算网络中节点对目标节点的影响强度，然后依贪心策略取 Top-k 节点形成的种子集，实验结果表明在处理节点数较少的数据集 1 时，MIPA 和 LCA 二者所获得的目标影响强度相当，LCA 算法在运行时间上占有一定优势；而对于节点数较多的数据集 3，MIPA 虽然耗时较大，但在目标影响强度上取得的优势也比较明显。因此，在实际运用中，可根据对效率和目标影响强度的不同需求选择更加适合的求解手段。此外，由于个性化影响最大化目标函数 $P_{v_t}(\cdot)$ 的单调性及其子模特性，根据文献［58］中所得出的结论，引入贪心策略的最大影响路径算法求得的种子节点集具有最优解 63%的理论精度保证。

3.3.4.2　热量传播模型下的个性化影响最大化实验

为综合考察目标热量贪心算法（THGA）性能，实验中作为基准算法的是 k-step 贪心算法、LND 算法、Random 算法，其中，LND 算法和 Random 算法因其单纯基于网络拓扑结构选取种子节点，因此，不与任何影响传播模型耦合、有较强的适用性。

基于热量传播模型的实验涉及的参数主要有种子节点数 k，热导率 α，影响传播单位时间 Δt 以及影响传播结算时刻 t。实验中，种子节点数 k 取值由 1 到 10；热导率 α 和影响传播单位时间 Δt 分别取经验值 0.2、0.5；为了对比各算法短期及中长期个性化影响最大化效果，影响结算时刻 t 则分别取 $20\Delta t$ 及 $50\Delta t$。

图 3-14～图 3-16 为运用不同算法在 3 个数据集上以对应节点为目标节点、影响结算时刻 $t = 20\Delta t$ 求解个性化影响最大化的目标节点受到的影响强度对比。

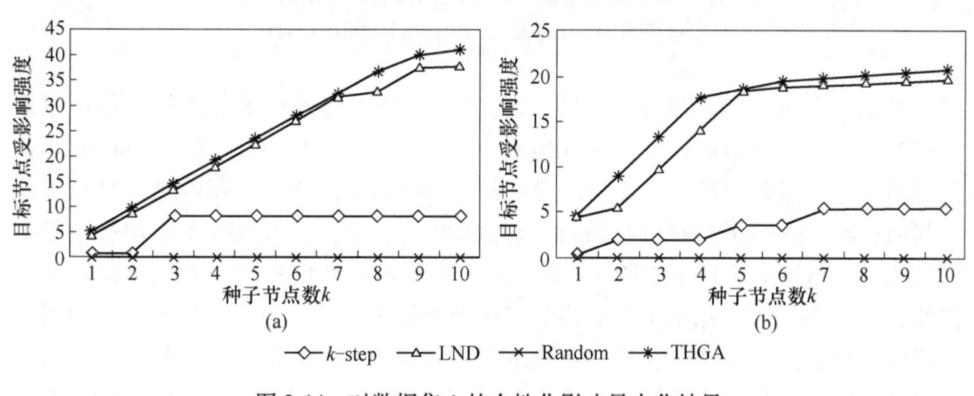

图 3-14　对数据集 1 的个性化影响最大化结果

（a）目标节点 ID = 583；（b）目标节点 ID = 1592

图 3-14～图 3-16 体现的是影响传播时间相对较短的情况下，几种算法求解的种子节点集对目标节点影响强度的对比。从图中可以看出，与 k-step 贪心算法、

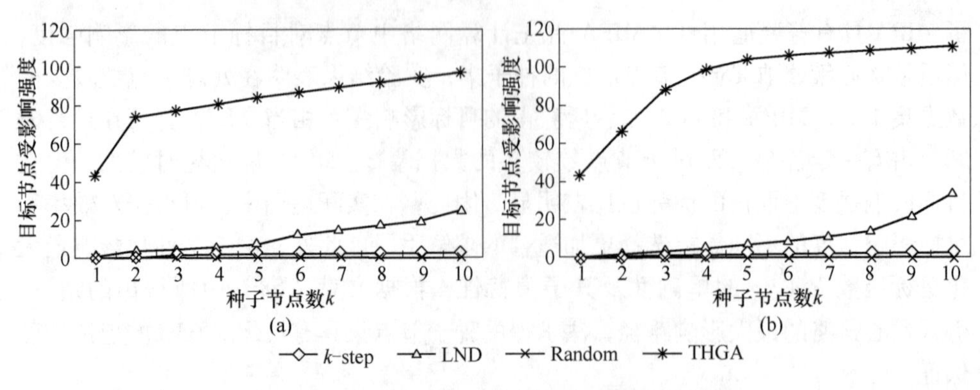

图 3-15 对数据集 2 的个性化影响最大化结果

（a）目标节点 ID=363；（b）目标节点 ID=1389

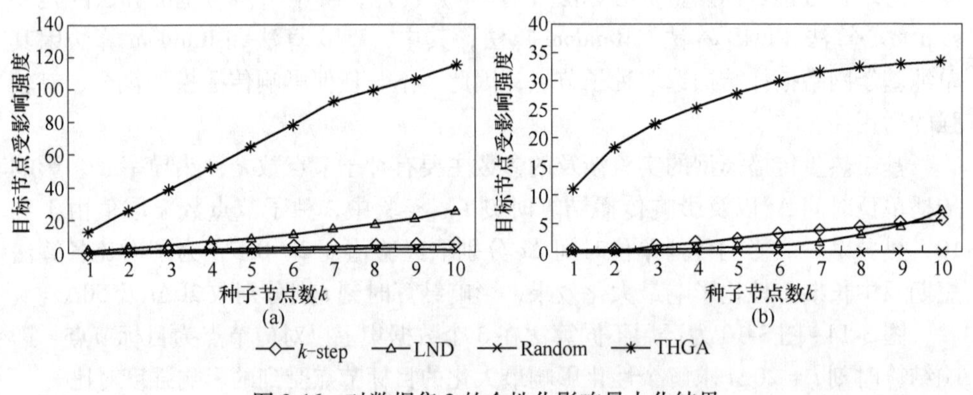

图 3-16 对数据集 3 的个性化影响最大化结果

（a）目标节点 ID=31；（b）目标节点 ID=1084

LND 算法、Random 算法相比，目标热量贪心算法求得的种子节点集总是可以取得较好的目标节点影响强度。独立地看每个目标节点的影响结果，Random 算法获得的目标节点影响强度非常弱，随着种子节点数 k 的增加，影响强度增量也微乎其微；k-step 贪心算法获得的目标节点影响强度随种子节点数 k 增加影响强度增量相对 Random 算法有比较明显的提升，但其影响强度总体水平基本保持在个位数；LND 算法在数据集 1 上获得的目标节点影响强度比较出色，与目标热量贪心算法结果相差不大，但在数据集 2 和数据集 3 上 LND 算法求得的种子节点集的表现就比较平凡，与目标热量贪心算法结果存在一定的差距，造成 LND 算法在 3 个数据集的某一个上表现比较突出的原因可能是数据集的统计特性不一致，LND 算法针对具有某些结构特性数据集更加有效，而其他两个数据集不具有这种结构特性，因而 LND 算法表现平凡；目标热量贪心算法在 6 个不同的目标节点上均取得了较好的目标节点影响强度，随 k 增加获得的影响强度增量在一段时间内也相对保持稳定，当 k 增加到一定程度时，目标节点受影响强度趋于饱和，影响强度增量越来越小，也体现了在此条件下，再增加种子节点数量对目标节点影响强度的贡献不大。

图 3-17～图 3-19 为运用不同算法在 3 个数据集上以对应节点为目标节点、影响结算时刻 $t = 50\Delta t$ 求解个性化影响最大化的目标节点受到的影响强度对比。

图 3-17～图 3-19 体现的是影响传播时间相对充分的情况下，几种算法求解的种子节点集对目标节点影响强度的对比。从图中可以看出，延长了影响传播时间，各算法求得的种子节点集的网络影响在网络中得到更加充分的蔓延，使得对目标节点的影响强度普遍获得了一定的提升，但从图中纵坐标来看，各算法目标节点影响强度对比格局基本保持了短期影响传播结果对比的格局：Random 算法目标节点影响强度提升量较小，始终处于垫底水平；k-step 贪心算法和 LND 算法目标节点影响强度在原来的基础上平均分别提升了约 1.71 和 2.37；目标热量贪心算法取得的目标节点影响强度始终处于优势水平，延长影响传播时间使得目标节点受影响强度提升约 12.60，是 4 种算法中增量最大的。

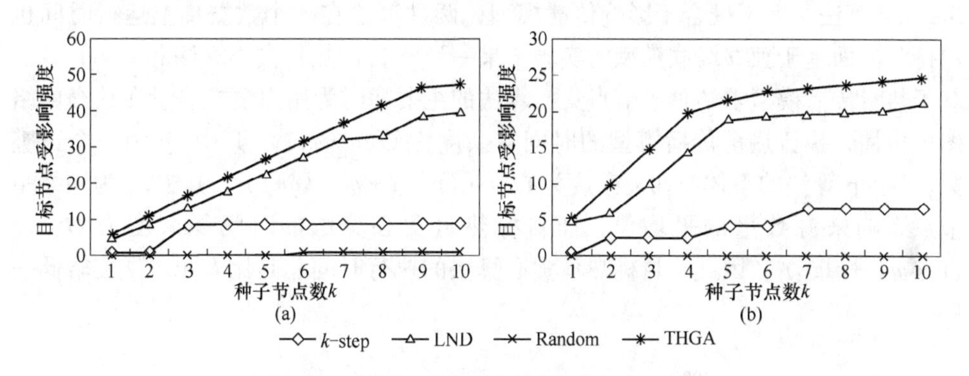

图 3-17　对数据集 1 的个性化影响最大化结果

（a）目标节点 ID=583；（b）目标节点 ID=1592

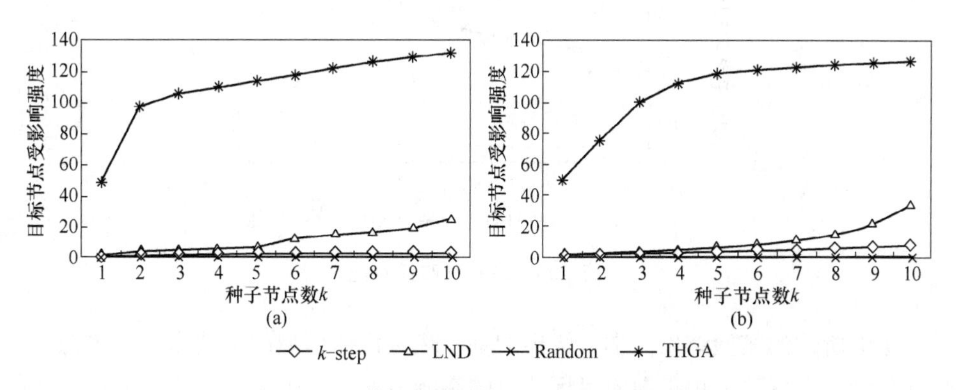

图 3-18　对数据集 2 的个性化影响最大化结果

（a）目标节点 ID=363；（b）目标节点 ID=1389

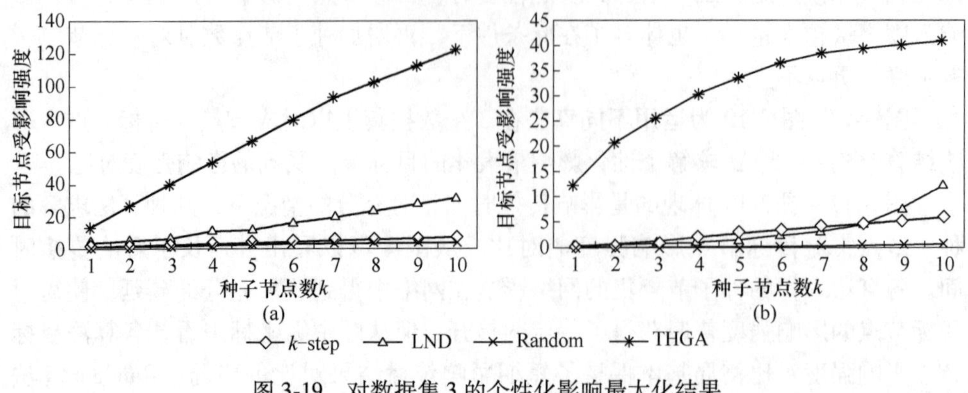

图 3-19　对数据集 3 的个性化影响最大化结果

(a) 目标节点 ID = 31；(b) 目标节点 ID = 1084

图 3-20 所示为影响结算时刻 t 分别为 $20\Delta t$ 和 $50\Delta t$ 时，不同算法在实验数据集上运行时间对比。可以看出：从网络拓扑结构角度选取种子节点 LND 算法和 Random 算法，因不耦合于影响传播模型，两种算法在 3 个数据集上运行时间也保持与前面基于独立级联模型的实验结果一致；目标热量贪心算法和 k-step 算法基于热量传播模型求解种子节点集，算法的主要耗时为用户模拟热量在社交网络图中传播，执行热量传播模型的时间复杂度为 $O(p \cdot m)$，其中，p 为一个正整数，k-step 算法的整体时间复杂度为 $O(n \cdot (p \cdot m + m + kqn))$，其中，$q$ 为网络中节点影响来源数量的平均值，而目标热量贪心算法的时间复杂度为 $O(n \cdot (p \cdot m) + n\lg n)$，因此，目标热量贪心算法的执行时间总是比 k-step 算法略低一些。

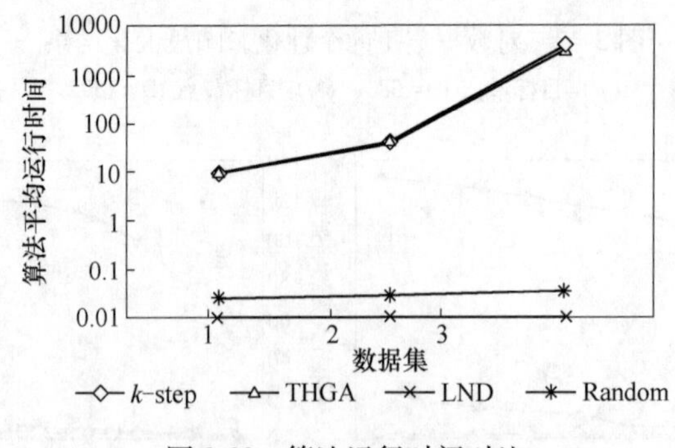

图 3-20　算法运行时间对比

综上所述的实验结果，本节给出的基于热量传播模型的影响力计算方法——目标热量贪心算法适用于面向目标节点的影响力计算和个性化影响最大化问题的求解。

3.4 本章小结

继上一章介绍面向局部信息的影响力计算，本章面向网络全局信息的影响力计算，结合影响最大化和个性化影响最大化问题，介绍了几种影响力计算方法。

(1) 基于割点的影响力计算。综合考虑社交网络的节点特征和连通性，提出了基于割点的影响力计算方法，并用以求解影响最大化问题。该方法用度和连通分量数评估节点的影响力，在一定程度上解决了影响力重叠的问题。基于传染病模型，在4个真实开源的数据集上进行了影响最大化求解相关实验。在算法对比实验中，基于割点的影响最大化算法在影响传播范围和种子富集性指标中表现优异，验证了算法的实用性和有效性。相比面向局部信息的影响力计算，面向全局信息的影响力计算具有计算复杂、局限于小规模网络的特点。

(2) 面向目标节点的个性化影响力计算。与前面计算个体的影响力计算不同，面向目标节点的个性化影响力计算是计算网络节点 u 对目标节点 v 的影响力。围绕目标节点的个性化影响力计算，本章分别给出了基于独立级联模型和基于热量传播模型的个性化影响力计算方法。其中，第一种方法解决已有研究对边影响强度一致性约束的局限性，第二种方法丰富了面向目标节点的个性化影响力计算的模型研究。

4 面向多重信息的影响力计算

4.1 引言

真实社交网络中，用户、信息实体（在这里，实体是指网络中传播的对象，如广告、新闻、观点等，单实体即为社交网络中只有一个传播对象）是基本要素，用户之间、信息实体之间都存在关系。

在实体关系方面，多信息实体在传播过程中，多实体之间关系对信息接收哪个实体是有影响的。假设实体 i、j 在社交网络传播，用户 u 已接受 i，u 接受 i 和接受 j 的概率不相互独立，如果 i 和 j 之间的关系是排斥的，那么 u 接受 j 的可能性就会变小，如果 i 和 j 是相互协作配合的，那么 u 接受 j 的可能性就会增加。例如网络流行的“摄影约拍”服务，用户购买约拍服务后会极大提高冲印相片的可能，摄影约拍和相片冲印的购买行为可以相互促进，而网络约拍或相片冲印在各自行业领域内则存在竞争。

在用户之间的关系方面，大部分的研究工作主要集中在无符号网络上，即默认社交网络用户之间传递的都是积极的关系。然而在实际生活中，人与人之间有积极的关系，亦有敌对的关系。如果仅仅考虑个体之间的积极友好关系，忽视了敌对的关系，这会造成信息影响范围不准确的问题。例如，某个商家想要推广一种产品，如果商家找到的初始推广用户与很多人是敌对关系，那么，这些人大概率会对这款产品持负面意见，最终的宣传效果就不尽如人意了。因此，在一些实际场景中，计算信息的传播范围需要共同考虑人们之间的积极和敌对关系，以防止所需的影响力被过度估计。

综上，社交网络蕴含了多重信息（在这里，多重信息的“信息”指的是用户间的关系、传播的信息实体间关系等，与社交网络传播的信息是两个不同的概念）。传统的信息影响力传播研究工作主要针对单一实体关系、单一用户关系，假设前提简化了问题，其相关研究成果在实际应用中发挥的指导作用有限。影响力计算的很多工作往往是结合具体问题而开展的，因此，针对于对立的信息和多样的用户间关系，本章基于信息对立和符号网络下的社交网络图背景，结合影响最大化问题，给出了影响力计算方法并用于求解影响力最大化。

4.2 信息对立下的影响最大化

社交网络中，多实体的传播关系可分为合作与竞争等形式。以社交网络营销为例，面对有限的客户资源，合作双方的任意方若发生购买行为，其伙伴也终将受益；竞争群体的任意方发生购买行为，其对手将遭受抑制。一方行为的发生将改变另一方行为发生的可能，即竞争或合作的实体传播行为是联动的。

2007 年，Bharathi 等人首次给出竞争影响最大化（Competitive InfM，C-InfM）问题的定义：已知种子集 S_A分布的情况下选拔种子集 S_B，使 S_B的影响传播效果最大化，其中，S_A和 S_B代表不同信息来源。Zhu 等人研究了基于位置感知的影响阻碍最大化（Location-aware Influence Blocking Maximization）问题，利用位置数据划分区域，设计了 LIBM-H 和 LIBM-C 两种启发式算法，实验表明两种算法均能有效求解竞争最大化问题。文献［59，60］的算法仅适用于树型数据结构。曹玖新等人研究了基于主题偏好并考虑利己信息传播策略的多实体影响传播收益最大化问题。李劲等人认为具有对立关系的实体种子集很难获悉，采用概率分布来表达竞争对手种子集的不确定性，研究对立实体未知状态的影响力最大化问题。张云飞等人研究了多实体的关联销售问题，并设计了一种基于节点激活贡献的并行算法。

4.2.1 基于热量传播模型的影响力计算

4.2.1.1 问题定义

给定社交网络 $G=(V, E)$ 与信息传播模型。其中，V 表示由网络节点构成的集合，E 表示网络节点间边的集。已知种子集 $S_A \subseteq V$ 的分布情况，选拔由 k 个节点构成的种子集 S_B，$S_B \subseteq V$ 且 $S_B \subseteq V \setminus S_A$，使 S_B 的影响收益 $\sigma(S_B, S_A)$ 最大化，其中，S_A 和 S_B 代表对立的信息源。对立影响最大化（Reverse Influence Maximization）问题的形式化表达为

$$S_B^* = \underset{|S_B|=k,\ S_B \subseteq V \setminus S_A}{\operatorname{argmax}} \sigma(S_B, S_A) \tag{4-1}$$

当 $S_A = \varnothing$ 时，传统单源信息传播的影响最大化问题即为对立影响最大化问题的特例。$\sigma(S_B, S_A)$ 是集合 V 的子模函数，因此仍具有子模特性。以 $\sigma(S_B, S_A)$ 为目标函数，贪心近似（Greedy Approximate）算法经过有限次的迭代计算，可以得到保证下界的近似最优种子集 S_B^*，即 $\sigma(S_B^*, S_A) \geqslant (1 - 1/e)\sigma(S_B, S_A)$。

4.2.1.2 多源热量传播模型

根据物理经验，热量总是自高处向低处转移以达到均衡。社交网络的信息传播过程与此相似，向外传播影响的个体总是最先被激活的种子。同样，设具有不同标记的热量与不同的信息是对应的，则单源信息的热量传播（HD，Heat Diffusion）模型可被扩展为多源信息热量传播（MSHD，Multi-Source HD）模型，其中，单源信息的热量传播模型在前面章节有叙述。MSHD 模型可用于模拟对立

信息的影响传播，解决对立影响最大化问题。

给定有向社交网络 $G=(V, E)$，G 中的任意一个节点 v_i 在传播初始时刻 $t=0$ 时，其热量参数记为 $h_i(0)$；$t \geqslant 1$ 时，v_i 的热量值记为 $h_i(t)$。采用 $h(\xi_\varepsilon, t)$ 记录 G 中全部节点在 t 时刻的热值，向量长度为节点总数 $n(n=|V|)$，其表达式为

$$h(\xi_\varepsilon,t)=[h_1(\xi_\varepsilon,t),\ \cdots,\ h_i(\xi_\varepsilon,t),\ \cdots,\ h_n(\xi_\varepsilon,t)] \tag{4-2}$$

其中，$\xi_\varepsilon(\varepsilon > 2,\ \varepsilon \in Z^+)$ 对应的是 ε 个信息源的不同激活状态。热量总是沿有向边，自高向低转移。以节点 v_i 为例，若节点 v_i 与节点 v_j 间存在有向边，即 $e_{v_j,\ v_i} \in E$。根据节点有向边的不同方向，将 v_j 与 v_i 的热量转移分两种情况讨论。

考虑情况一，若节点 v_j 指向节点 v_i，此时节点 v_i 热值为 0，或节点 v_j 和 v_i 的激活态相同且 v_j 热值高于 v_i。自 t 时刻开始，经过一段时间 Δt 后，热量从 v_j 向 v_i 转移的量为 $(\alpha \cdot h_j(t) \cdot \Delta t)/d_j$，$d_j$ 表示节点 v_i 的出度邻居数量，导热系数（Heat Diffusion Coefficient）α 表示信息的传播能力。在 Δt 的时间长度内，节点 v_i 收到的总热量记为 $Gh_i(t,\ \Delta t)$。

考虑情况二，若节点 v_i 指向节点 v_j，此时节点 v_i 和 v_j 的激活态相同且 v_i 热值高于 v_j。自 t 时刻开始，经过一段时间 Δt 后，热量自 v_i 向 v_j 转移的量设为 $Ph_i(t,\ \Delta t)$。则节点 v_i 对其前向节点及后继节点的能量转移公式为

$$Gh_i(t,\ \Delta t)=\alpha \cdot \Delta t \cdot \sum_{j:\ \langle v_j v_i \rangle \in E} \frac{h_j(t)}{d_j} \tag{4-3}$$

$$Ph_i(t,\ \Delta t)=\alpha \cdot \Delta t \cdot h_i(t) \tag{4-4}$$

仍以节点 v_i 为例，在 $t+\Delta t$ 时刻内，节点 v_i 所转移的热量为 $h_i(t+\Delta t)-h_i(t)$，其函数表达式为

$$h_i(t+\Delta t)-h_i(t)=Gh_i(t,\ \Delta t)-Ph_i(t,\ \Delta t)=\alpha \cdot \left[\sum_{j:\ \langle v_j v_i \rangle \in E} \frac{h_j(t)}{d_j}-\varphi_i h_i(t)\right] \cdot \Delta t \tag{4-5}$$

其中，φ_i 是热量输出的标志位，其值只能为 0 或 1。当 φ_i 为 0 时，表示热量无法发生转移，即节点 v_i 无后继节点（$d_i=0$）或节点 v_i 与其邻居的热量标记不同（$\xi_\varepsilon(i) \neq \xi_\varepsilon(j)$）；当 φ_i 值为 1 时，热量可以发生转移，即节点 v_i 存在后继节点（$d_i>0$）且节点 v_i 与其邻居的热量标记相同（$\xi_\varepsilon(i)=\xi_\varepsilon(j)$）。根据泰勒公式（Taylor Series），整理式（4-5）得到当前研究节点在 t 时刻的热量表达式为

$$\begin{aligned} h(t) &= \mathrm{e}^{\alpha \cdot t \cdot H} \cdot h(0) \\ &= \left(I+\alpha \cdot t \cdot H+\frac{\alpha^2 \cdot t^2}{2!}H^2+\frac{\alpha^3 \cdot t^3}{3!}H^3+\cdots\right) \cdot h(0) \end{aligned} \tag{4-6}$$

其中，e 是自然数；H 是给定社交网络 G 中节点连接关系的 n 阶矩阵。

同样，根据节点当前的标记状态、热量值的大小加以相应的调整，MSHD 模型也可适用于无向网络。将 MSHD 模型应用至实际问题中，以对立的两个信息源为例即可。

4.2.1.3 打破平局规则

传播模型和打破平局规则是对立信息影响传播机制的核心。打破平局规则(Tie-break Rule)用于处理节点被多源对立信息同时影响的状态响应问题。现实社交网络中，个体所接受的信息五花八门，而其最终采纳的信息源总是唯一的。以市场上存在竞争的笔记本电脑品牌为例，用户若锁定某品牌并购买，该用户在短期内不会购买同类别商品。可以认为不同品牌的商品对普通用户的影响是对立传播的。

已有的规则可以将其分为两类：一类是按照信息实体特点分配优先，一类是概率规则。在第一类方法中，人们将信息实体分为两类，然后指定其中一类信息实体具有优先传递的规则，如参考文献［67，69］。另一类是基于概率的优先规则，如参考文献［70］。Budak 基于独立级联模型，引入 Multi-Campaign Independent Cascade Model (MCICM)，将信息实体区分为“bad”和“good”，当两种信息同时达到用户时，设计打破平局规则为“good”信息优先。He 等人基于线性阈值模型，针对阻止谣言传播的问题，根据社会心理学，认为谣言更容易被人优先接受，故设计谣言优先的打破平局规则。参考文献［67，69］的工作面向特定的应用领域，具有一定的局限性。Tzoumas 等人基于纳什均衡理论和线性阈值模型，引入信誉排名，信誉值高的产品信息具有优先传递资格。Lu 等人认为 t 时刻 v 接受第 k 个实体信息的概率与前两个时刻（即 $t-1$、$t-2$）k 个实体在整个网络的传播状态相关，并基于此设计概率大具有优先资格的打破平局规则。为合理表达上述情境中个体的决策问题并公平开展实验，本节设计了一种随机规则（Random Rule)。该规则设定激活同一个节点的信息源是唯一的，且被激活的过程不可逆，其具体步骤如图 4-1 所示。

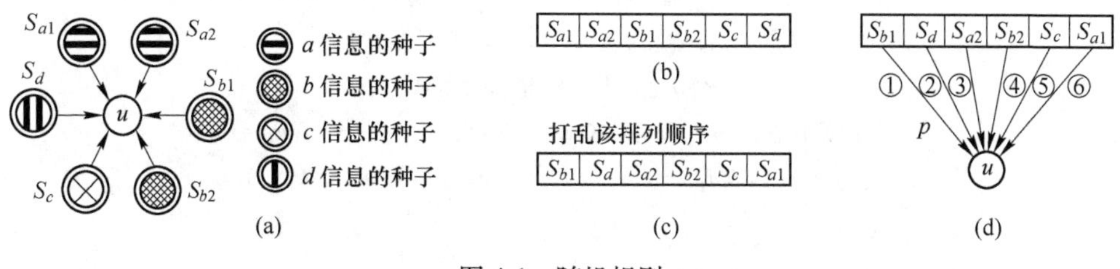

图 4-1 随机规则

以图 4-1（a）的简单网络为例，此时节点 u 同时面对 4 股对立的热源，采用随机规则，节点 u 的状态响应的过程如下：列举由节点 u 直接邻居构成的序列，如图 4-1（b）所示；将图 4-1（b）的序列乱序排列得到图 4-1（c）。根据图 4-1（c）的排列次序，种子以激活概率 p（本文设为 0.5）依次尝试激活节点 u，首

个激活节点 u 的信息源将作为成功激活节点 u 的种子。节点 u 被激活后，不再接受其他状态种子的影响。

4.2.1.4 多源热量传播模型的示例

下面给出该模型的传播步骤：初始时刻 $t=0$，对立种子集 S_A 已知，部署种子集 S_B 至网络 G 中并赋予初始热量。当 $t>0$ 时，集合 S_A 和 S_B 中的初始节点参照热量传导公式沿有向边转移热量，当节点预接收的热量不属于同个信息源，采用随机规则处理。重复该过程直至经过有限步长，统计当前热值高于热量阈值的节点，并标记为激活节点。以图 4-2 的简单网络为例，给出 MSHD 模型的仿真计算过程。假定网络中存在 A、B 两种对立信息源，初始节点的热量值为 20，A、B 两种对立信息源的导热系数均为 0.15，热量激活阈值均为 0.2，$f(\ )$ 表示节点当前的热量值。当 $t=0$ 时，网络中仅有 S_A、S_B 作为初始节点被激活；当 $t=1$ 时，热量开始传导，对立种子 S_A、S_B 共同影响节点 u_1、u_2、u_3。根据随机规则，考虑节点 u_1、u_3 被信息 B 激活以及节点 u_2 被信息 A 激活的情况（对应图 4-2(b)～图 4-2（d））；当 $t=2$ 时，节点 u_4 接受节点 u_1、u_3 共同传导的热量，根据 $h(t)$ 计算公式，可得 $f(u_4)=0.3$。传播结束，根据热量阈值，信息 A 对应的激活节点数量为 2，信息 B 对应的激活节点数量为 4。

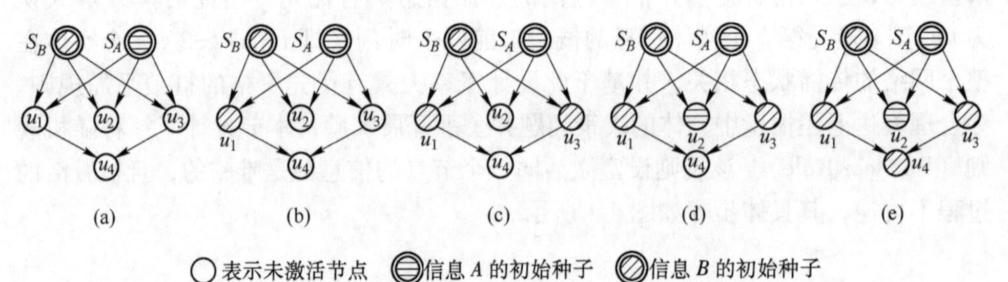

图 4-2 多源热量传播模型

（a）原始状态；（b）$f(u_1)=20\times0.15/3=1$；（c）$f(u_1)=f(u_3)=1$；（d）$f(u_1)=f(u_2)=f(u_3)=1$；（e）$f(u_4)=1\times0.15\times2=0.3$

4.2.1.5 高影响力个体挖掘

热量差和激活阈值是多源热量模型传播机制的重要组成部分，该部分信息可用于统计个体的传播收益，基于多源热量模型对个体影响力的评价特性及目标优化函数的子模特性，设计了预选式贪心近似（PSGA，Pre-selected Greedy Approximation）算法。该算法对网络中的每个节点赋予 0～1 间随机值，将随机值

大于拦截值 r、出度值大于平均出度值的节点加入临时种子集 S，且该临时集的长度不能大于 k。在 M 次的迭代过程中，根据 $h(t)$ 计算公式和用于处理传播冲突的随机规则，统计第 m 次迭代的临时种子集 S_m 中全部个体的影响收益，迭代结束后将其收益值降序排列，取 Top-k 节点作为种子。

对于有向的社会网络图 G，选择节点出度及出度均值作为 PSGA 算法关键指标的理由如下：在有限的传播步长内，热量和影响总是沿有向路径向外传递和扩散，因此，节点的出度值可概括其传播能力。其次，度方法的同一度量值存在若干节点与其对应，众多具有相同度量值的节点被确定为种子时其顺序相对随机，存在高影响力节点被排除的可能。PSGA 算法的随机策略可避免该缺陷，并减少计算量。算法 4-1 给出了 PSGA 算法的运行步骤。

算法 4-1：Pre-selected Greedy Approximate Algorithm

```
Input  G: a social graph, k: the number of seed, M: iterations
Output: S : a seed set
1 Initalize an empty set S_M, I_u = 0 ;
2 for iter 1 to M do
3     for each u ∈ V do
4         rand[u] = Math.Rand(0, 1);
5         if rand[u]>r&&u.degree>avgD(G)&&getSize(S_m) ≤ k then
6             add u to S_m, m ∈ [M];
7         end if
8     end for
9     for v ∈ S_m do
10        computing the value of I_m(u) according to formula(4-6);
11    end for
12 end for
13 Sorting in descending{I_1(u) …I_M(u)}, and choosing Top-k nodes in S ;
14 Return S;
```

在算法 4-1 中，u.degree 表示节点 u 出度值，avg$D(G)$ 表示给定社交网络 G 中节点的出度均值，I_u表示节点 u 的传播收益，S_M表示第 M 次迭代的临时种子集，getSize( ) 函数用于获取临时种子集 S_m 的宽度。其中，第 2~7 行含义为：对于每个节点进行判断，将满足条件的节点加入临时种子集，作为种子的候选。

4.2.2 实验环境及数据

4.2.2.1 实验数据

表 4-1 列举了仿真实验所需的 4 组网络数据，n 表示网络节点数量，m 表示

边的数量，<c>表示网络的平均聚类系数，type 表示网络类型。表 4-1 中，p2p-Gnutella08 和 CA-HepTh 网络是 SNAP 的开源数据集，分别表示分布式协议交互网络和维基百科的管理员投票网络。twitter 数据集通过编程爬取自 twitter 社交平台，记录的是用户间的互粉关系。Tecent Weibo 爬取自腾讯微博，该数据记录的是朋友间的关注关系。需要说明的是：标准的开源 CA-HepTh 数据集为无向图。

表 4-1　实验网络基本特征

dataset	n	m	$\langle c \rangle$	type	来源
p2p-Guntella08	6301	20777	0.015	directed	开源数据
CA-HepTh	9877	51971	0.6	undirected	开源数据
twitter	220681	327055	0.013	directed	编程爬取
Tecent Weibo	638025	1048575	0.047	directed	编程爬取

4.2.2.2　仿真实验条件

实验选取局部中心性（LC，Local Centrality）、SIR（Susceptible Infected Recovered）评价方法、k-shell 方法、基于局部集体影响的自适应排序算法（LCIR-AR，Local Collective Influence Rank-Adaptive Recalculation）、三角中心性（LTC，Local Triangle Centrality）方法、密度中心性（DC，Density Centrality）方法同PSGA算法对比。k-shell 方法可以看成是一种基于节点的排序方法，其具体做法是：将网络分解成 k 层，先删除所有只有一个连接的节点以及它们的连接，直到不再存在这样的节点，并将它们分配给 1-shell 层。以同样的方式，递归地删除有两个连接的节点，创建 2-kell 层。k 自增，直到图中所有的节点都被分配在其中一个层。k-shell 方法计算复杂度低，在分析大规模网络的层次结构等方面有较多应用。基于局部集体影响的自适应排序算法是 CI 算法的一种改进算法，具有鲁棒性强，挖掘精度较高的优点，其函数表达式为

$$\begin{cases} LCII(u) = \sum\limits_{v \subseteq N_1(u)} Q(\mathrm{CI}_l(v) - \mathrm{CI}_l(u)) \\ \mathrm{CI}_l(u) = (|N_1(u)| - 1) \sum\limits_{v \in \mathrm{Ball}(u,l)} (|N_1(v)| - 1) \end{cases} \tag{4-7}$$

$$Q(x) = \begin{cases} 1, & x > 0 \\ 0, & x < 0 \end{cases} \tag{4-8}$$

其中，$\mathrm{Ball}(u,l)$ 为以节点 u 为中心，半径 l 范围内全部节点构成的集合。$Q(x)$ 是标志位函数。

SIR 评价方法利用传染病模型计算个体的影响值 $F(t)$，每个节点的 $F(t)$ 均为重复运行 10^3的均值。其中，twitter 和 Tecent Weibo 网络数据因节点数量较多，

分别重复运行 100 次及 50 次。SIR 模型设定传染概率为 0.015，传播步长为 10，治愈概率为 $1/k_e$，k_e为网络节点度的均值。SIR 模型的传播步长为 10 是为了和多源热量传播模型的传播步长参数保持一致，避免抑制 SIR 在后续收益仿真实验中的表现。传播步长设定太短会抑制部分节点的传播能力，导致传播停止的时刻提前，传播步长参数对应的值较高可以反映出节点的真实传播能力。实验设定 LCIR-AR 算法的控制参数为 0.3，度量层级为 3，根据对比文献［19］的描述，此时该参数对应的实验效果最佳。

PSGA 算法的拦截值 r 设为 0.85，迭代次数 M 设为 10^4。理由如下：PSGA 算法的拦截值设为 0.85 是经过试验反复测试得到的，实验过程中列举了拦截值 r 分别为 0.7，0.75，0.8，0.85，0.9，0.95 的情况，发现取值为 0.85 时，算法对应的收益结果更高，而取值为 0.9 和 0.95 时，PSGA 算法对种子的选拔较为苛刻，未能使部分具有影响力的节点成为种子候选集，而 0.7 和 0.75 的取值对种子候选集的判断较为宽泛，得到的可能结果较多，导致运行效率下降。通过反复试验，本文取值为 0.85，并统一设定任意数据集的实验中，PSGA 算法对拦截值 r 的取值均为 0.85。

为了满足实验的公平性，MSHD 模型的传播步长同 SIR 评价模型的传播步长均为 10。为保证实验的公平性，在 MSHD 中，具有不同热量标记信息源的初始热量值均为 100，激活阈值均为 0.5，导热系数均为 0.15。理由如下：

（1）初始热量值：该值设定并无太多含义，因为影响传播收益结果的是特定的传播路径或拓扑结构。

（2）关于激活阈值：该值设定过高会使全局网络的激活行为变得困难，激活阈值过低会使全局网络的激活变得过于容易，因此，激活阈值设为 0.5。

（3）导热系数反应的是节点的激活能力，它类似于独立级联模型的传播概率或传染病模型的传染概率。在本书中，导热系数的参数给了固定值，因数据集规模较大，所以导热系数的值较小。其次，导热系数采用常量，因为获得 SIR 评价模型的实验结果需要 10^3次重复运行，已经非常耗时，将 SIR 评价结果对应的种子代入具有随机导热系数的多源热量传播模型中计算，加之较大规模的数据影响，算法和模型的共同时耗会变得难以接受。

仿真实验的方法如下：以 A、B 两种对立信息为例，设 100 个由随机选拔得到的 A 种子已知。B 信息的种子个数自 0~50 以 2 为间隔，逐批投放。其中，B 种子仿真收益的计算公式等于 B 种子收益同 A 种子收益的差。实验设定信息 B 的种子集 S_B与信息 A 的已知种子集 S_A不存在重合。当节点同时接受 A、B 两类种子的影响时，采用 4.2.1 节所述的随机办法处理该冲突。为避免随机给结果带来不确定的影响因素，收益的仿真结果为 10^4运行的收益结果的平均值。

仿真实验的评价指标如下：（1）从运行时长及影响收益两方面判断，运行时长短且影响收益高者更优；（2）种子富集性，算法选拔的种子节点间边的密集程度值越小，则越有利于快速传播。

4.2.3　实验分析

实验共分为3部分：第1部分为对立影响最大化收益实验；第2部分为对立影响最大化算法的运行时间统计；第3部分为种子富集性实验。

4.2.3.1　对立影响最大化收益

图4-3描述的是7种算法在4组网络数据集的收益表现，其纵坐标为影响收益值被归一化处理，横坐标表示种子数量。根据图4-3仿真结果，PSGA算法随着种子投放数量的增加，其影响收益涨幅十分明显。

twitter数据集种子数量小于8以及Tecent Weibo数据集种子数量小于14时，PSGA算法的优势不够明显，但整体上PSGA所获得的收益最高。尤其是在p2p-Guntella08和CA-HepTh数据集中，PSGA算法表现最优。可以认为，在对立影响最大化问题中，种子投放数量越多，PSGA算法越能体现出优越性。SIR模型作为复杂网络度量单体影响力的评价标准，在解决对立影响最大化问题中的表现逊于PSGA算法。密度中心性（DC）方法在所对比的启发式算法中表现最优，但其整体表现仍无法超过PSGA算法。LC、LTC、LCIR-AR及k-shell方法在4组数据集中的收益排名并不稳定，说明在不同规模和不同类型的网络中，其适用性有限。以k-shell方法对Tecent Weibo网络数据的度量结果为例，k值为57的个体有759个，自759个节点中选拔50个作为种子，其次序相对随机。因此，k-shell方法度量值区分度不高是其影响收益较低的关键因素。LTC方法统计节点所处拓扑结构的三元闭包数量，在有向图中其表达的含义为节点经有向路径指向自己的回路数量，在无向图中，其表达含义为节点与紧邻个体的紧密程度。可以认为，针对对立影响最大化问题，三元闭包的统计量无法高效地反映节点潜在的博弈和竞争能力。

4.2.3.2　对立影响最大化算法运行时间

图4-4给出了仿真实验每运行10^4次的平均时间，其中，PSGA算法对应的统计图添加了斜杠标记。为统计每个节点的$F(t)$值，SIR模型在4个数据集上的运行时间均超过4天，Tecent Weibo网络数据的运行时间超过20天，其平均时长在图4-4中没有标注。根据图4-4统计结果，整体上DC算法的平均运行时间最短，在所对比的启发式算法中，LC算法的运行时间较长。

根据4.2.3.1节给出的对立影响最大化的两项评价指标，PSGA算法同SIR

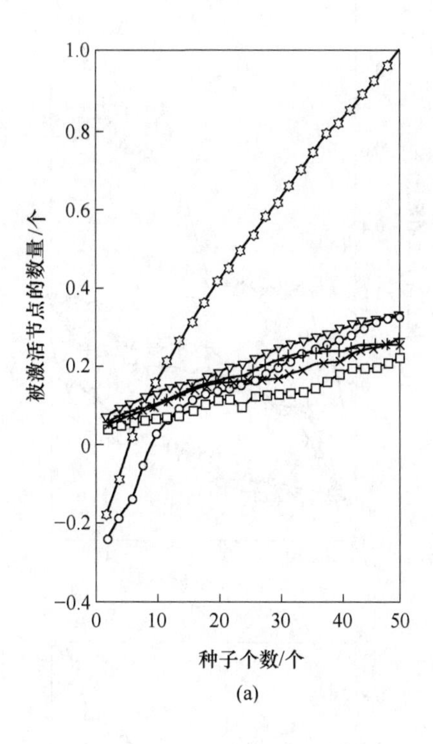
1.0
0.8
0.6
0.4
0.2
0
−0.2
−0.4
0
10
20
30
40
50
被激活节点的数量/个
种子个数/个
(a)

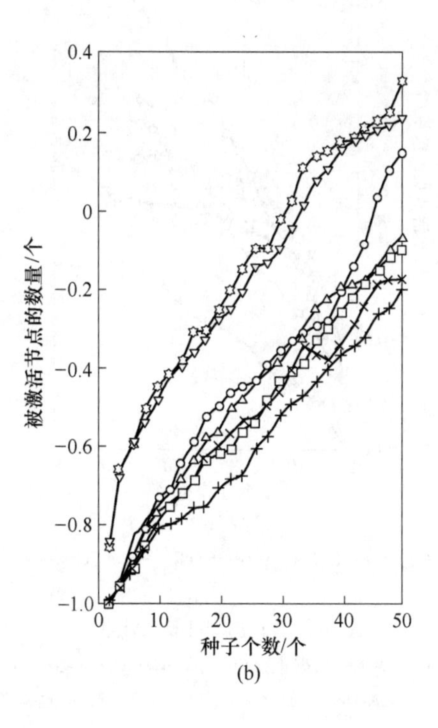
0.4
0.2
0
−0.2
−0.4
−0.6
−0.8
−1.0
0
10
20
30
40
50
被激活节点的数量/个
种子个数/个
(b)

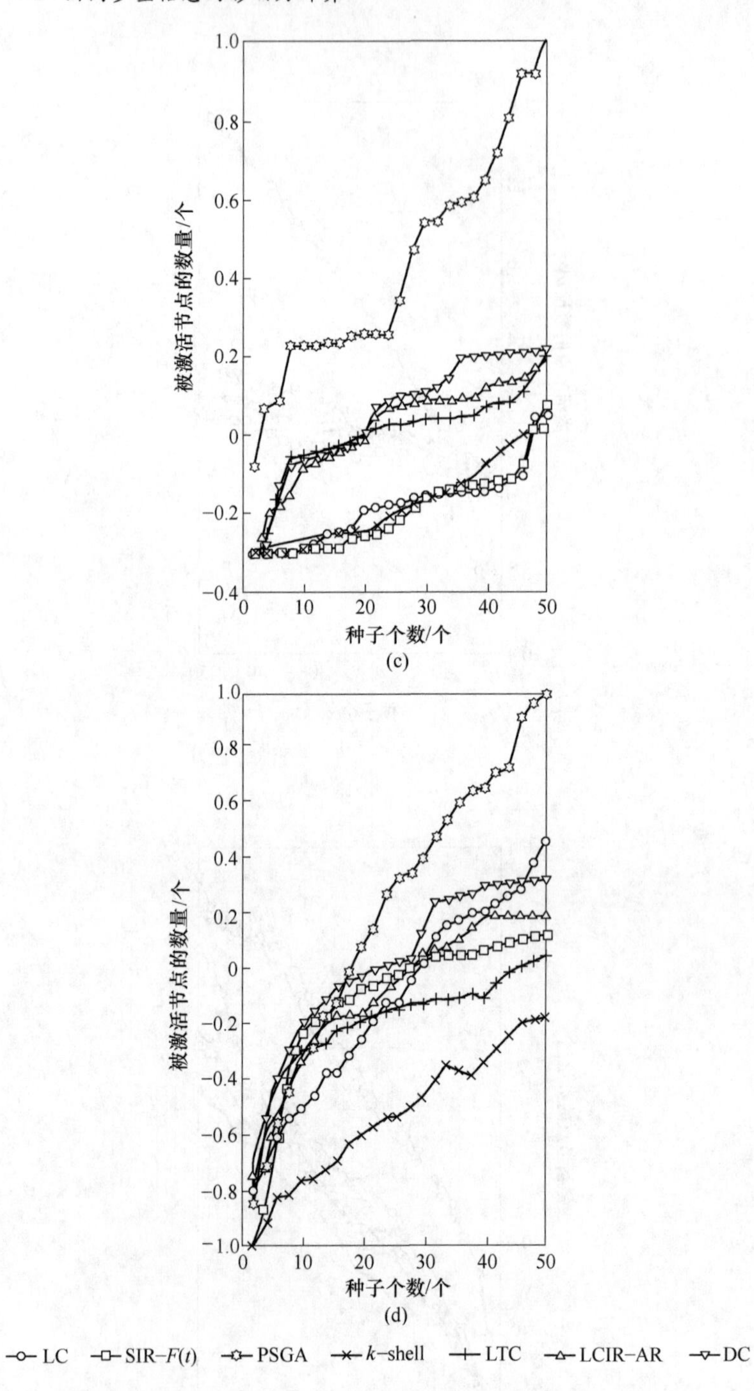

图 4-3 对立影响最大化收益

（a）twitter 数据集；（b）p2p-Guntella08 数据集；

（c）CA-HepTh 数据集；（d）Tecent Weibo 数据集

评价方法相比，影响收益高、运行时长短，具有优越性。同其他启发式算法相比，PSGA 算法虽耗时更久，但平均收益领先于启发式算法。可以认为，PSGA 算法能够有效求解对立影响最大化问题。

4.2.3.3 种子富集性实验

为进一步分析各算法的仿真收益表现，本实验设计了种子富集性对比，探究各算法所选种子集的特征。种子富集性（Rich-club）也称富人俱乐部现象，它描述的是关键节点间边的密集情况。种子节点间连接紧密，则不利于影响力的扩

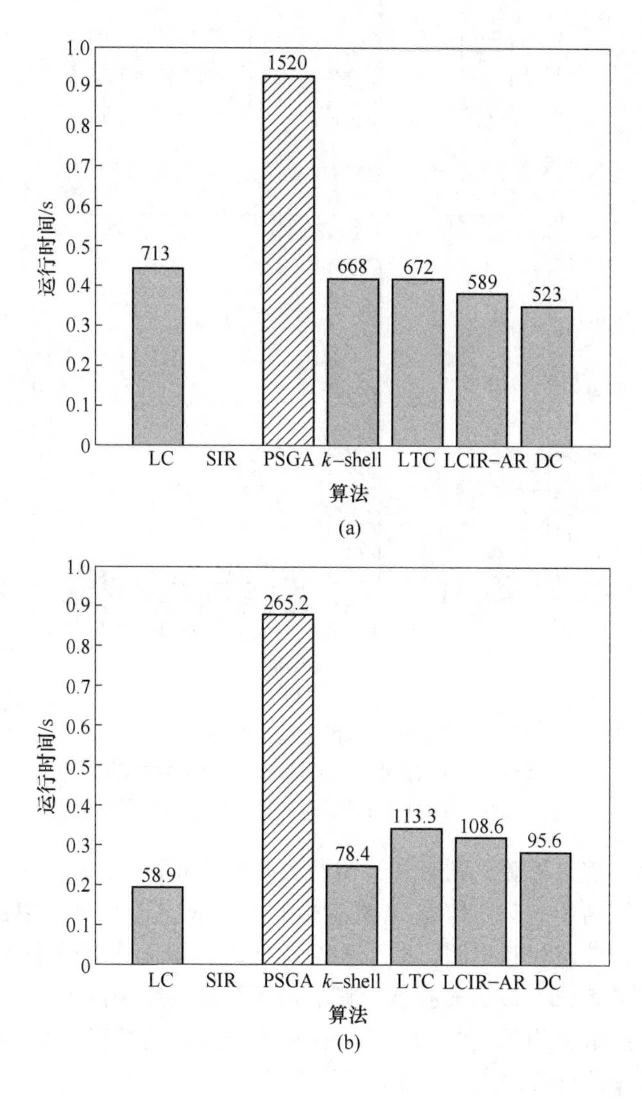

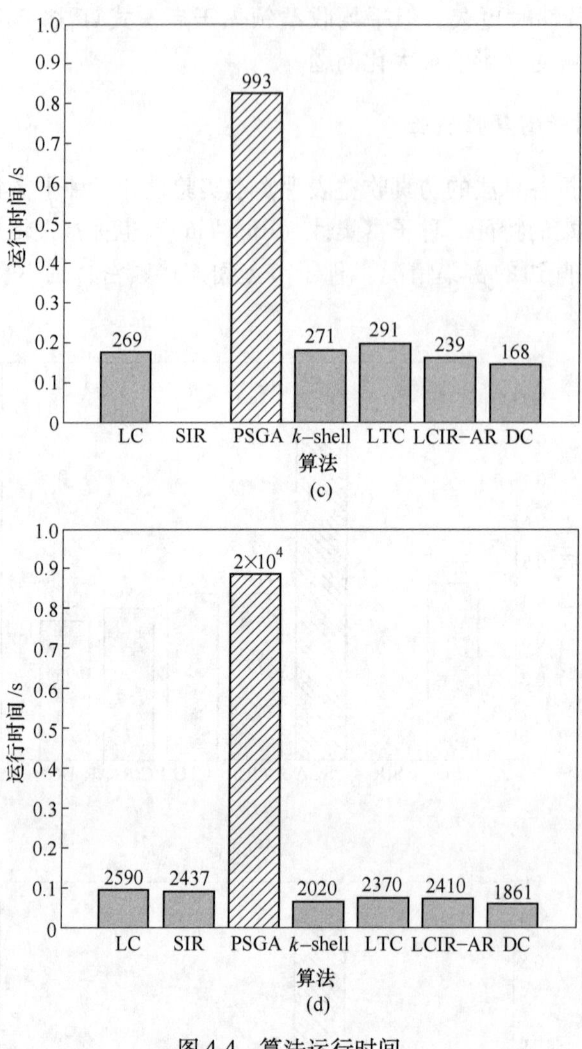

图 4-4　算法运行时间

（a）twitter 数据集；（b）p2p-Guntella08 数据集；

（c）CA-HepTh 数据集；（d）Tecent Weibo 数据集

散；种子节点间连接稀疏，则有利于初期快速地扩散影响。以图 4-5（a）的简单网络为例，该网络中被对立信息 A 激活的节点已知。当 B 种子以图 4-5（b）的方式投放，种子节点相互抱团，处于网络边缘的种子无法对传播起到促进作用。当 B 种子以图 4-5（c）的方式投放，则有利于初期的影响传播。图 4-5（b）中 B 信息种子间边的数目为 7，图 4-5（c）中 B 种子间边的数目为 0。可以认为种子节点间边的数量能够反映出种子集的富集程度。

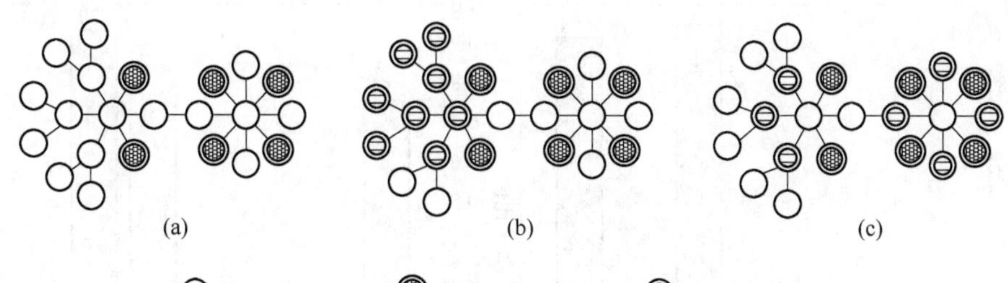

图 4-5 种子富集性

根据上述分析，本节设计了种子富集性实验。实验首先读取社交网络图 $G=(V, E)$，输入某方法选拔出 k 个关键节点，针对 E 中每条边 $e_{i,j} \in E$ 做如下判断：若图 G 中的边 $e_{i,j}$ 所连接的节点均为关键节点，则添加标记。最后统计该方法的标记数量。其中，CA-HepTh 网络添加了预处理过程，删掉了个体指向自身的 12 条回环边。图 4-6 是种子富集性的实验结果，其纵坐标被归一化处理，表示种子富集性的比例。PSGA 算法对应的条形图添加了斜杠标记。

根据图 4-6 的实验结果，整体上 SIR 评价模型的种子富集性最为稀疏，PSGA 算法其次。LC 算法在有向图中的富集性程度高，即种子间的连接较为紧密，在无向图中其富集程度较弱，即种子间的连接较为稀疏，DC、k-shell 和 LCIR-AR 算法则与之相反。启发式算法依靠网络局部拓扑特性，SIR 和 PSGA 算法依靠各自模型传播机制评价节点的重要性，因此在种子富集性方面具有优势。

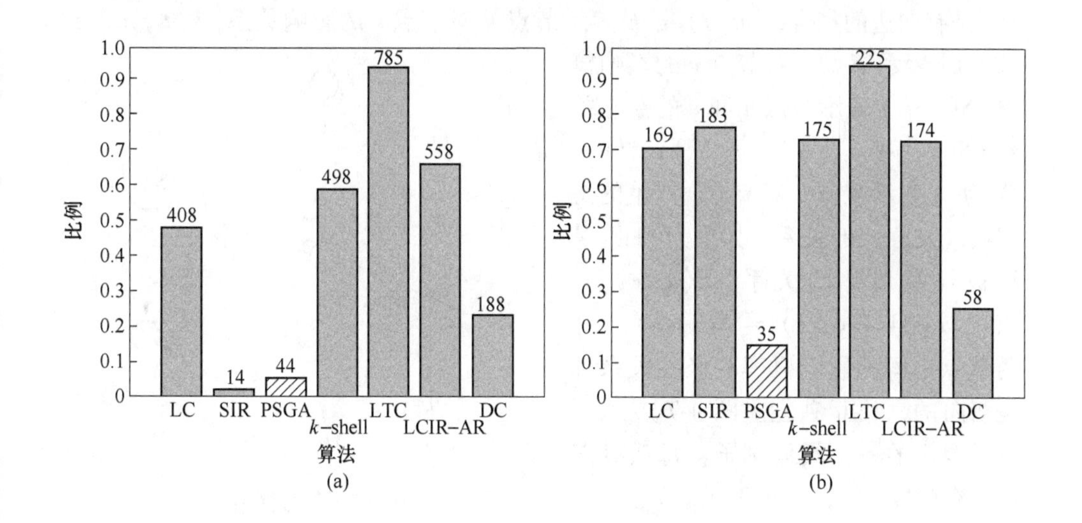

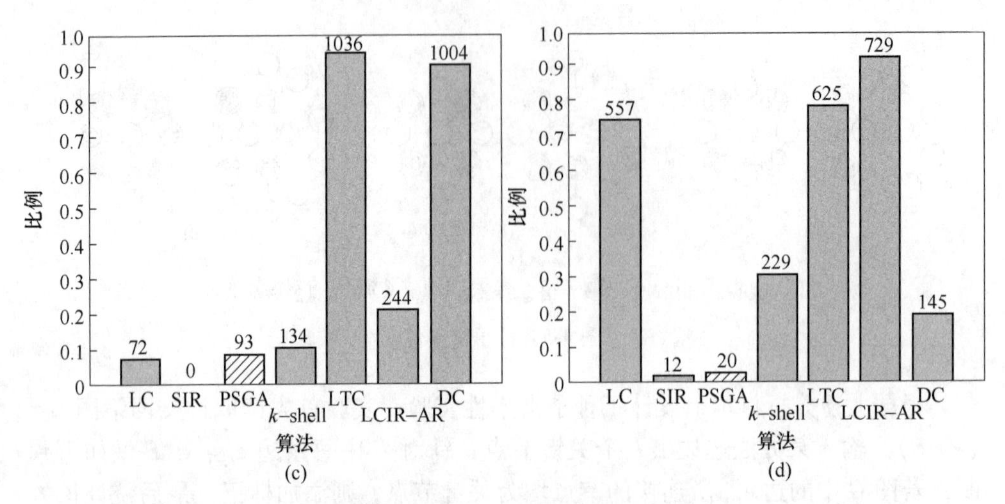

图 4-6　种子富集性实验结果

（a）twitter 数据集；（b）p2p-Guntella08 数据集；

（c）CA-HepTh 数据集；（d）Tecent Weibo 数据集

4.3　符号网络下的积极影响力最大化

4.3.1　符号网络

给定一个符号网络 $G_s=(V,\ E,\ P,\ S)$，其中，V 是节点的集合，$V=\{v_1,\ v_2,\ \cdots,\ v_n\}$，每一个节点 $v\in V$ 代表社交网络中的一个用户；$E=\{e_1,\ e_2,\ \cdots,\ e_n\}$ 是有向边的集合，$(u,\ v)\in E$ 表示节点 u 对节点 v 的影响关系；$P(u,\ v)\in[0,\ 1]$ 表示节点 u 对节点 v 的影响概率；$S(u,\ v)$ 表示节点 u 和 v 的极性关系（$S(u,\ v)\in\{+1,\ -1\}$），$S(u,\ v)$ 为+1 表示节点 u 对节点 v 产生的是积极（友好）的关系，如果为-1 则是消极（敌对）的关系。$P(u,\ v)\neq P(v,\ u)$ 且 $S(u,\ v)\neq S(v,\ u)$，即两节点之间的影响概率和极性关系都是双向的，相互独立。图 4-7 展示了符号网络的一个具体例子，每条有向边都有属性 $S(u,\ v)\cdot P(u,\ v)$。

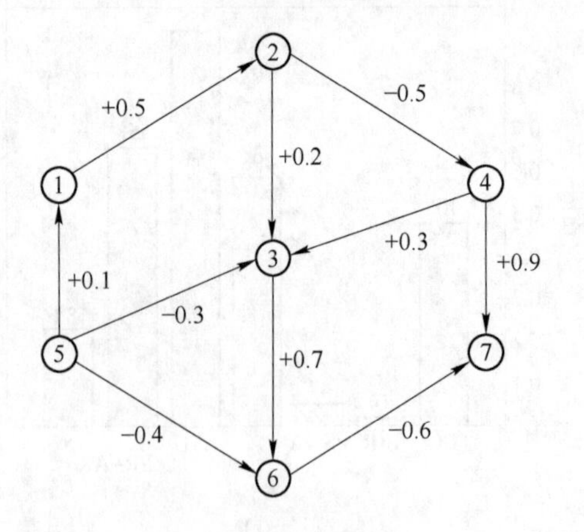

图 4-7　符号网络

4.3.1.1 IC-P 模型传播规则

参考文献［74］针对于符号网络扩展了 IC 模型，提出了 IC-P（Polarity-related Independent Cascade）模型，以用于解决符号网络中的影响力最大化问题。在该模型中，如果某个节点已经处于激活状态，那么它将有机会在下一轮信息传播中激活它的出度邻居节点（如果节点 a 有路径可以到达节点 b 且二者为邻居节点，则节点 b 为节点 a 的出度邻居节点，节点 a 为节点 b 的入度邻居节点）。被激活节点 v 的状态 $C(v)$ 取决于激活它的节点 u 的状态 $C(u)$ 和两节点之间的极性关系 $S(u, v)$，遵循如下规则：

$$C(v)=\begin{cases}+1, & C(u)=+1 \text{ 且 } S(u, v)=+1\\ -1, & C(u)=-1 \text{ 且 } S(u, v)=+1\\ +1, & C(u)=-1 \text{ 且 } S(u, v)=-1\\ -1, & C(u)=+1 \text{ 且 } S(u, v)=-1\end{cases} \tag{4-9}$$

其中，$C(v)=+1$ 表明节点 v 处于积极状态，即节点 v 对传播的信息持正面意见；$C(v)=-1$ 表明节点 v 处于消极状态，对传播的信息持负面意见。在积极影响力最大化问题中，种子节点的初始状态都为积极状态。以病毒式营销为例，商家想要推广某种产品，那么他找到的初始推广人应当是对产品持正面意见且影响力大的人物，只有这样营销才有实际意义。在图 4-8 所示的 IC-P 模型信息传播的具体例子中，节点 n_1 是种子节点，节点 n_1 的初始状态 $C(n_1)=+1$。在第一轮信息传播中，节点 n_1 激活了 n_2、n_3、n_4 三个节点，但是依据式（4-9）中的规则，只有 n_3、n_4 节点是处于积极状态。被激活的节点有且只有一次机会激活它们的邻居节点。在第二轮传播中，节点 n_2 成功激活了节点 n_6，节点 n_3 则激活了节点 n_5，节点 n_4 尝试激活节点 n_7 但并未成功；在第三轮传播中，节点 n_6 激活了节点 n_7，此时网络中已经没有节点可以被激活了，整个传播过程结束。

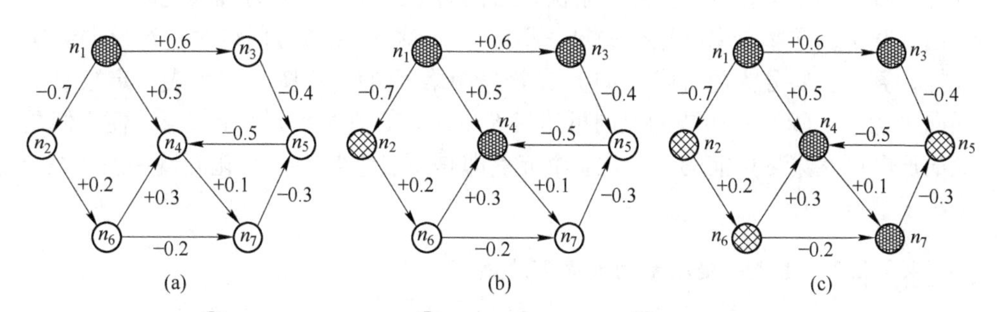

图 4-8 IC-P 模型传播示例

（a）（b）（c）信息通过节点 n_1 在初始及不同轮次传播的状态

4.3.1.2　反向影响采样相关概念

定义 4-1　采样图：在有向图 $G=(V, E, P)$ 中，对于有向图 G 中的每一条边 $e \in E$，以 $1-P_e$ 的概率删除，最终得到的子图 g 是采样图。

定义 4-2　反向可达集：设 v 是有向图 G 中一个给定的节点，采样图 g 中可以到达节点 v 的节点集合为 v 在 g 中的反向可达集。

4.3.1.3　符号网络中的积极影响力最大化

给定一个数 $k \in N^*$，代表种子节点的个数。在符号网络 $G=(V, E, P, S)$ 中，节点有三种状态：积极状态，消极状态，未激活状态。积极状态下的节点表示其对传播的事物持正面意见，消极状态下的节点对传播的事物持负面意见。积极影响力最大化的目标是找到 k 个种子节点，使它们在特定传播模型下能够影响到的积极状态节点数达到最大，其可以被形式化为式（4-10）：

$$S^{+}=\underset{S \subseteq V,\ |S|=k}{\operatorname{argmax}}\ \sigma_{+}(S) \tag{4-10}$$

其中，S 表示的是初始种子节点集合；k 是初始种子集合的大小，在病毒营销中可以理解为商家用于广告投放的成本；$\sigma_{+}(S)$ 表示的是被初始种子节点激活的最终具有积极状态的节点个数期望。

4.3.2　符号网络下的影响力计算

贪心算法在求解符号网络中的积极影响力最大化问题时虽然能保证精度，但随着社交网络规模愈加庞大，此类算法求解的时间成本呈指数型增长，难以满足现实需求；启发式算法利用直观上的经验，能在有限的搜索空间内较为迅速地得到结果，然而其求解精度却难以得到理论保证。基于反向影响采样思想的算法在解决影响力最大化问题时避免了上述出现的问题，在影响力精度和运行效率方面取得了较好的平衡，为了更好地解决符号网络中的积极影响力最大化问题，本书提出了基于反向影响采样思想的算法 RIS-S，该算法在符号网络中进行反向影响采样，算法主要分为两阶段：（1）在符号网络 G_s 的采样图 g 中生成一定数量的反向可达集。（2）在生成的反向可达集 R 中用贪心方法找到 k 个节点，使它们覆盖的反向可达集尽可能的多，这 k 个节点即是积极影响力最大化问题中所需的 k 个种子节点。

4.3.2.1　生成一定数量的反向可达集

生成反向可达集的前提是需要构建符号网络 $G=(V, E, P, S)$ 的采样图。依据上一节的定义 4-1，采样图的生成只与图中每条边的传播概率 P_e 有关，所以在符号网络中获取采样图的方法与在无符号网络中是一致的。生成采样图 g 时，两节点间的传播概率越大，它们之间的连接关系在图 g 中更容易出现，这与信息在独立级联模型中的传播机制类似。在 IC-P 模型中，种子节点的初始状态都为积极状态，依据式（4-3），如果节点 v 被节点 u 激活且节点 u 处于积极状态，那么当且仅当两节点间的极性关系 $S(u, v)$ 等于+1 时，被激活的节点 v 才能处于积极状态，所以在生成反向可达集时，可以先利用边上的极性关系信息剔除不可靠的候选种子用户。具体的做法是，在生成采样图中某一节点 u 的反向可达集时，只将可以到达节点 u 且路径中极性关系都为+1 的节点纳入到节点 u 的反向可达集中，这样不仅可以将节点间的极性关系融入到反向可达集中，还能避免状态为-1 的节点对最终积极影响范围造成干扰。

在以往的研究中，以 IMM 及其优化算法 SSA 为代表的基于反向影响采样思想的算法都专注于研究反向可达集的数量，从而保证算法的精度，但却忽略了反向可达集之间的冗余现象。

图 4-9（a）所示为一个有 8 个节点和 7 条连接边的社交网络图 G，边上的数字代表节点间的传播概率，对每一条边以 $1-P_e$ 的概率进行移除操作后，可以获得采样图，再对采样图进行遍历可以获得不同节点的反向可达集。采样图的生成过程具有随机性，所以图 G 可以生成多个不同的采样图（如采样图 g_1，g_2），由此获得的反向可达集也不尽相同。在采样图 g_1 中，节点 8 的反向可达集是 {1, 3, 6, 8}，而在采样图 g_2 中，节点 8 的反向可达集为 {3, 6, 8}。每条边的传播概率 $P(u, v)$ 都是相互独立的，传播路径 1→3→6→8 和 3→6→8 出现在采样图中的概率可计算为：

$$P_{\text{path}} = \prod_{(u,\ v) \in \text{path}} P(u,\ v) \tag{4-11}$$

其中，(u, v) 表示路径 path 中的一条边，$P(u, v)$ 是节点 u 对节点 v 的影响概率。由此可知，传播路径 1→3→6→8 出现在采样图 g_1 中的概率为 0.125，传播

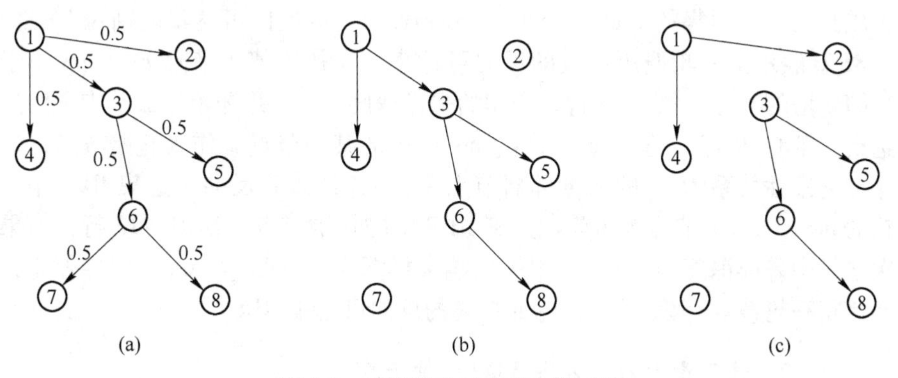

图 4-9 采样图及反向可达集示例

（a）G；（b）g_1；（c）g_2

路径 3→6→8 出现在采样图 g_2 中的概率为 0.25，显然，传播路径 3→6→8 更容易出现在采样图中。因此，当反向可达集的数量有限制时，{3，6，8} 更有可能是节点 8 的反向可达集，而不是 {1，3，6，8}。

针对上述例子所展现的情况，本书提出的 RIS-S 算法在生成反向可达集阶段控制了最大采样深度，以减少反向可达集的冗余，进一步提升了最终影响精度，生成反向可达集的方法如算法 4-2 所示。

算法 4-2：RIS-S（生成反向可达集）

```
输入：符号网络 G_S =（V，E，P，S），最大影响采样深度 sample _ depth
输出：反向可达集 RRS
1 生成 G_S 的采样图 g
2 从图 G_S 中随机选择一个节点 v
3 初始化 new _ nodes=v，RSS0=v
4 depth=1
5 while new _ nodes≠∅ do
6    在 new _ nodes 中随机选择一个节点 u
7    temp={u_in^+}     //表示节点 u 的正边入度邻居节点
8    RRS=RRS0+temp
9    new _ nodes=RRS - RRS0
10   depth++
11   if depth>sample _ depth
12     break
13   end if
14 end while
15 return RRS
```

在算法 4-2 中，首先生成符号网络 G_s 的采样图 g，然后在 G_s 中随机选择一个要生成其反向可达集的节点 v。new _ nodes 表示生成反向可达集时新增节点的集合；RSS0 表示上一轮遍历生成的反向可达集，其初始值为节点 v；temp 用于暂时存储新增的节点。第 4~5 行，令初始采样深度为 1，并开始生成节点 v 的反向可达集；第 6~9 行，随机选择 new _ nodes 中的某个节点 u 作为起始节点，依次搜寻与它极性关系为+1 的入度邻居节点 u_{in}^{+}，并加入到反向可达集 RRS 中，下一轮的 new _ nodes 节点为本轮加入到 RRS 中的新增节点；第 10~13 行，如果某一次迭代中采样深度 depth 大于最大影响采样深度 sample _ depth，搜寻停止，否则开始新一轮搜寻。第 15 行，返回最终的反向可达集 RRS。

4.3.2.2　使用最大覆盖方法选取k个种子节点

在反向影响抽样的机制中，节点的影响力与它覆盖的反向可达集数量成正比，如果某个节点高频率出现在反向可达集中，那么它将被认为是具有高影响力的节点。选取 k 个种子节点的具体方法如算法 4-3 所示。

算法 4-3：RIS-S（选出 k 个种子节点）

```
输入：反向可达集 RRS，需要选取的种子节点个数 k
输出：节点种子集 SEED
1 SEED=∅
2 for i=1 to k do
3    v_seed =max_coverage(RRS) //max_coverage() 是最大贪婪覆盖方法
4     add v_seed to SEED
5    RRS=RRS-RRS(v_seed) //将包含被选为种子节点 v_seed 的反向可达集剔除
6 end for
7 return SEED
```

该算法使用最大贪婪覆盖方法在反向可达集中找出 k 个种子节点。第 1 行，先初始化种子节点集 SEED；第 2~4 行，将出现在反向可达集中次数最多的节点选为种子节点，并将其添加到种子节点集 SEED 中；第 5 行，更新反向可达集，剔除包含本轮被选为种子节点的反向可达集。进行 k 轮循环，最后返回种子节点集 SEED。

RIS-S 算法的时间复杂度分析过程如下：在算法 4-2 的第 1 行中，获取采样图的时间复杂度为 $O(|E|)$；在 5~7 行中，搜寻与 new_nodes 节点极性关系为+1 的入度邻居节点 u_{in}^{+} 的时间复杂度为 $O(|\text{new\_nodes}|\cdot|\text{new\_nodes}|\cdot|E(g)|)$，其中，$|E(g)|$表示采样图 g 的边数，其余行的代码时间复杂度为 $O(1)$。算法 4-3 使用最大贪婪覆盖方法寻找 k 个种子节点的时间复杂度为$O(k)$。综上所述，RIS-S 算法在最糟糕的情况下总的时间复杂度为 $O(|E|+|E(g)|\cdot|V(g)|^2+k)$。在采样图 g 中，边数$|E(g)|$要小于整个符号网络 G_s 中的边数 $|E|$，new_nodes 中的节点数也要远远小于采样图 g 中总结点数 $|V(g)|$。贪心算法的时间复杂为 $O(k\cdot|E|\cdot|V|)$，$|E|$和$|V|$分别表示符号网络 G_s 的边数和节点个数。在大型社交网络中，$|E|$和$|V|$的数值往往很大，所以 RIS-S 算法更适用于大型社交网络。

4.3.3 实验数据集与参数设置

为了验证 RIS-S 算法求解符号网络中积极影响力最大化问题的有效性，实验选取了两个真实的符号网络数据集 Slashdot 和 Epinions 进行了仿真。Slashdot 是一个科技新闻网站，该网站的 Slashdot Zoo 功能允许用户标记其他用户为朋友或敌人；Epinions 数据集来源于大众消费者点评网站 Epinions. com，网站的用户可以

通过查看某个用户的产品评分和评论来决定是否信任该用户。这两个数据集可以从斯坦福大型网络数据集网站（http://snap.stanford.edu/data）中找到。实验数据集相关参数见表 4-2。其中，$|V|$和$|E|$分别表示图的节点数、边数，d 代表网络直径，E^-/E^+是负边占比率。

表 4-2 实验数据集相关参数

数据集	$\|V\|$	$\|E\|$	d	E^-/E^+
Bitcoinotc	5881	35592	4	0.100
Slashdot	77350	516575	11	0.232
Epinions	131828	841372	14	0.147

贪心算法并不适用于较大规模的社交网络，所以在实验中，本书选取了 Random算法、POD 算法、Effective Degree 算法和 IMM 算法与 RIS-S 算法进行对比。Random 算法是解决影响力最大化问题最常用的算法之一，它从图中随机地选取 k 个节点作为种子节点。POD（Positive Out-Degree）算法是一种启发式算法，它选取图中正出度最大的前 k 个节点作为种子节点。Effective Degree 算法是有效度算法，节点的正出度数量减去负出度数量为有效度，此算法选择 k 个有效度最大的节点作为种子节点。IMM 算法是基于反向影响采样思想的代表性算法之一，它在解决影响力最大化问题中有着较好的结果准确性与运行效率。

所有算法都是在 IC-P 模型下进行积极影响力计算的，节点激活概率 p 设置为 0.05。在模拟信息传播阶段，实验进行 10000 次蒙特卡洛模拟，取平均值作为各种子集最终的积极影响力范围。为了更符合信息在真实社交网络中的传播规律，最大影响采样深度 sample _ depth 设置为各数据集的网络直径。RIS-S 算法中，近似比参数 $\varepsilon=0.5$，错误概率参数 $l=1$，与 IMM 算法中的一致。

4.3.4 实验结果与分析

实验的对比指标有：积极影响力范围、算法的运行时间和正节点占比率。积极影响力范围和正节点占比率可以表明算法的准确度，而运行时间则可以反映出算法的运行效率。

4.3.4.1 积极影响力范围

积极影响力范围 I^+的定义为：使算法运行所得出的种子集在符号网络中进行传播，当传播停止后，符号网络中处于积极状态的节点个数即为积极影响力范围。在同一符号网络中，算法的积极影响力范围越高，表明算法的准确度越好。

图 4-10 是各算法计算出的种子集在数据集 Bitcoinotc 上的积极影响力范围。Bitcoinotc 是相对较小的数据集，由图 4-10 可知，虽然 RIS-S 算法在种子个数小

于15时积极影响力范围不如POD算法和Effective Degree算法，但在$k>15$时，RIS-S算法是5种算法中表现最好的。

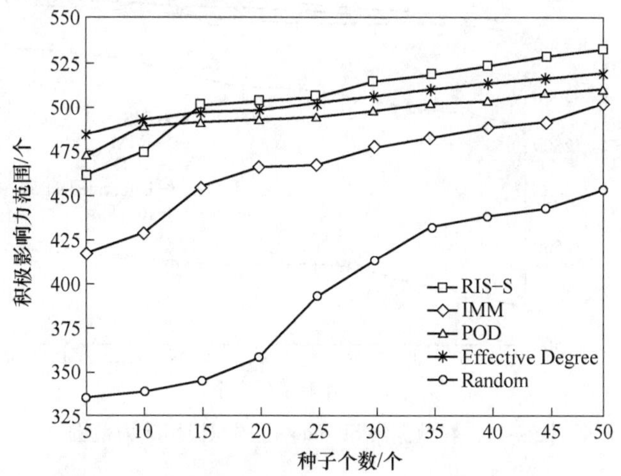

图4-10 在数据集Bitcoinotc上的积极影响力范围

图4-11是各算法计算出的种子集在数据集Slashdot上的积极影响力范围。由图4-11可知，Random算法积极影响力范围在数据集Slashdot中要远远劣于其他3种算法；RIS-S算法积极影响力范围最广，POD算法次之；Effective Degree算法与POD算法表现较为接近；IMM算法在积极影响力范围上表现不如Effective Degree算法、POD算法和RIS-S算法，但大幅领先Random算法。Random算法在寻找种子时随机性过强，找到的种子质量较差，所以在5种算法中表现出了最糟糕的积极影响力范围。IMM算法在寻找种子时没有考虑节点间的极性关系，由式(4-9)可知，在符号网络中，高影响力的节点并不一定拥有较高的积极影响力范围，因此，IMM算法在解决积极影响力问题上与Effective Degree算法、POD算法和RIS-S算法有一定的准确度差距。

在Slashdot数据集中，IMM算法的积极影响力范围要比POD算法平均低23.3%，与S-RIS算法的平均差距有27.2%。Effective Degree算法在$k=5$、$k=10$和$k=15$时与POD算法表现几乎一致，两者总体的积极影响力范围差异较小。RIS-S算法从种子数$k=5$到$k=50$时积极影响力范围都要优于POD算法，并且在$k=30$时逐步拉开两者之间的积极影响力范围差距，在$k=50$时，RIS-S算法要比POD算法高出5.5%的积极影响力范围。

图4-12是各种子集在Epinions数据集中的积极影响力范围。从图4-12中可看到，面对更加庞大的符号网络，RIS-S算法在$k=50$时积极影响力范围比POD算法高7.2%，比IMM算法高20.5%，表现出色，而Random算法的积极影响力范围最低。Effective Degree算法依然与POD算法表现相似，并且由图4-11和图

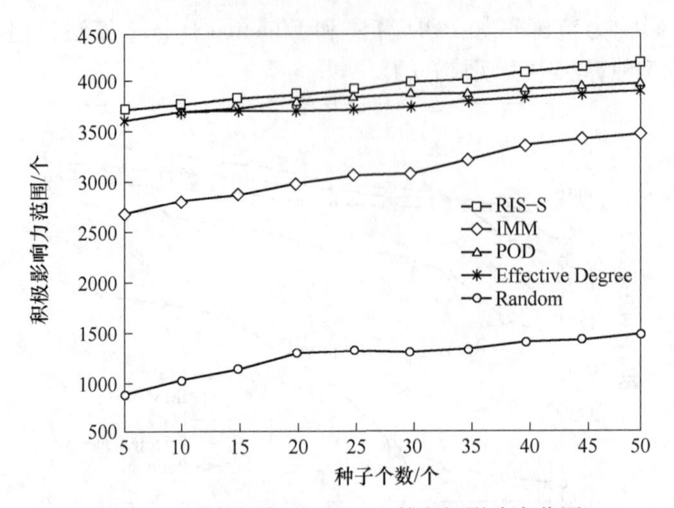

图 4-11　在数据集 Slashdot 上的积极影响力范围

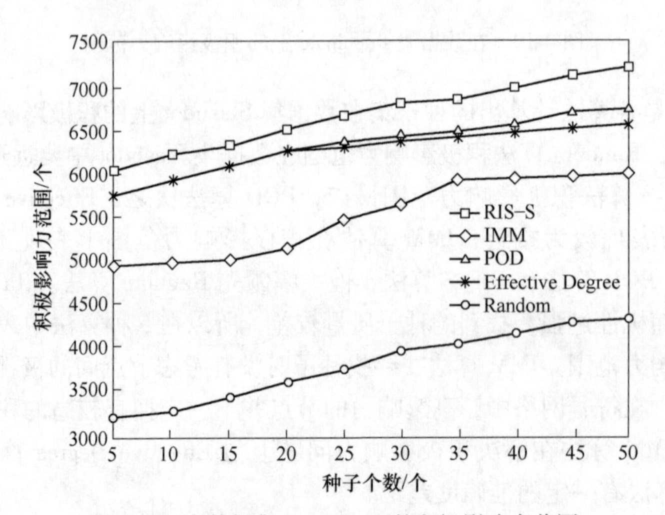

图 4-12　在数据集 Epinions 上的积极影响力范围

4-12 可得知：在 Slashdot 和 Epinions 中，正出度最大的前 15 个节点拥有较少的负边。POD 算法选择正出度最大的节点作为种子节点，仅能保证在第一轮影响传播中被激活的节点处于积极状态，无法保证后续影响传播激活的节点处于积极状态；RIS-S 算法通过考虑符号的反向影响采样技术，生成的反向可达集全部为处于积极状态的节点，所以 RIS-S 算法拥有更加优异的积极影响力范围。

4.3.4.2　运行时间

算法的运行时间也是一个重要的性能衡量指标。图 4-13 是 RIS-S 算法与 IMM 算法在 Bitcoinotc 数据集中的运行时间。整体上，RIS-S 算法的运行时间要比 IMM

算法的更短，并且随着种子个数的增加，RIS-S 算法的运行时间优势愈加明显。图 4-14 是 RIS-S 算法与 IMM 算法在 Slashdot 数据集中的运行时间。从图 4-14 中可知，RIS-S 算法在拥有更高积极影响力范围的情况下，算法运行时间要比 IMM 算法更低，在种子个数 $k=50$ 时，RIS-S 算法的运行时间比 IMM 快 35%。RIS-S 算法在生成反向可达集阶段控制了采样的深度，一定程度上减少了反向可达集的冗余，IMM 算法的时间复杂度为 $O((k+l)(|E|+|V|)\log_2(|V|/\varepsilon^2))$，而 RIS-S 算法的时间复杂度为 $O(|E|+|E(g)|\cdot|\text{new\_nodes}|^2+k)$，$|E(g)|$要小于$|E|$，$|\text{new_nodes}|$也远小于$|V|$，所以 RIS-S 算法相比于 IMM 算法更快。图 4-15 是 RIS-S 算法与 IMM 算法在 Epinions 数据集中的运行时间对比。在 $k=40$，$k=45$，$k=50$ 时，RIS-S 算法的运行时间要接近于 IMM 算法，原因在于 Epinions 数据集比 Slashdot 数据集网络直径更长，负边占比更低，但总体上，RIS-S 算法的运行效率更加优异。

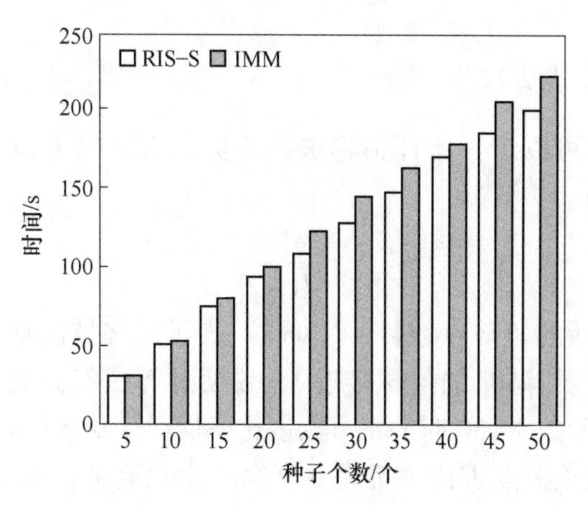

图 4-13 在 Bitcoinotc 数据集中的运行时间

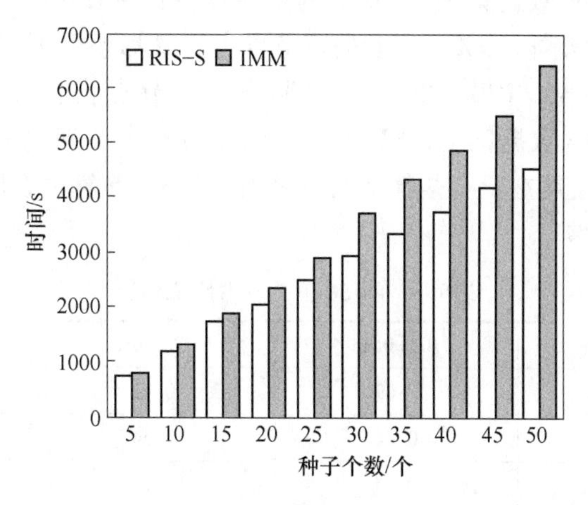

图 4-14 在 Slashdot 数据集中的运行时间

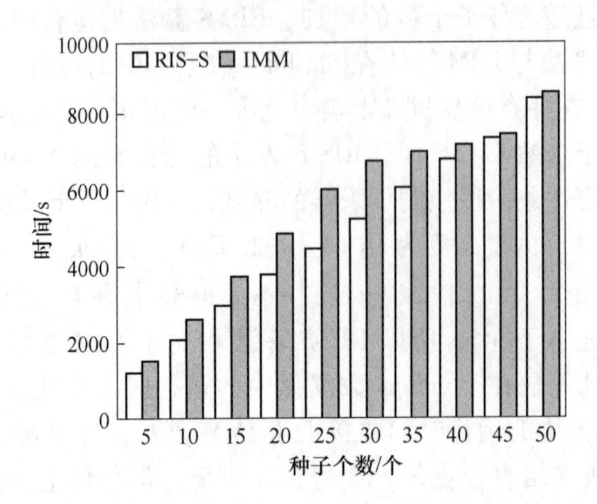

图 4-15　在 Epinions 数据集中的运行时间

4.3.4.3　正节点占比率

正节点占比率可以进一步评估算法在解决积极影响力最大化问题时的准确度，其计算方式为

$$Pr = \frac{|V^+|}{I(\text{seed})} \tag{4-12}$$

其中，$|V^+|$为被激活的正节点数目；$I(\text{seed})$ 表示最终被激活的节点数目；$Pr \in [0, 1]$。正节点占比率 Pr 的值越接近 1，说明此算法找到的种子更加准确。表 4-3 是各算法在种子数 $k=50$ 时的正节点占比率情况，从表中可得知：RIS-S 算法在 3 个数据集中的正节点占比率都是 5 种算法中最高的。由于 Bitcoinotc 数据集中正边占比率达到了 90%，5 种算法在 Bitcoinotc 数据集中都有着较高的正节点占比率。在 Slashdot 数据集中，RIS-S 的正节点占比率比 POD 算法高 5.5%，比 Effective Degree 算法高 6.9%，三者的正节点占比率都超过了 70%。与 IMM 算法和 Random 算法相比，RIS-S 算法优势明显，正节点占比率分别高 20.3% 和 48.1%。在 Epinions 数据集中，RIS-S 算法的正节点占比率比表现第二好的 POD 算法高 9.5%，这说明在更大规模的符号网络中，RIS-S 算法在解决积极影响力最大化问题时更具优势。

表 4-3　$k=50$ 正节点占比率对比

算法	Bitcoinotc	Slashdot	Epinions
Random	0.69	0.52	0.45
IMM	0.74	0.64	0.57
Effective Degree	0.75	0.72	0.62

续表 4-3

算法	Bitcoinotc	Slashdot	Epinions
POD	0. 76	0. 73	0. 63
RIS-S	0. 77	0. 77	0. 69

4.4 本章小结

与前两章不同的是，本章讨论了社交网络待传播的信息实体间关系以及用户间的关系，给出了两种多重信息的影响力计算方法及在影响最大化问题的应用：

（1）信息对立下的影响最大化。为挖掘具有对立关系的多源信息社交网络关键用户，设计多源热量传播模型，并根据模型传播特性设计了用以解决信息对立下的影响最大化问题的影响力计算方法。仿真实验包括三项评价指标：对立影响最大化传播收益、算法运行时间及种子的富集程度。实验结果表明提出的影响力计算方法能够解决对立影响最大化问题。

（2）符号网络下的积极影响最大化。基于 IC-P 模型，结合反向影响采样思想提出了一种基于符号网络的反向影响采样算法 RIS-S。实验表明基于 RIS-S 的影响力计算方法在解决积极影响力最大化问题中有着更高的积极影响范围。

同现实生活中无法脱离群体而绝对独立存在的人一样，社交网的用户并非孤零零的节点，实体也并非是单一的存在，它们都是由大大小小的关系网组成的。用户与用户、用户与实体、实体与实体间都存在着影响关系，且实体间的关系呈现出复杂性，大体有竞争、合作和中立三种关系。进而，信息影响力传播研究衍生出了多实体（即多个传播对象）的影响力传播。相比单一的信息实体和单一的用户之间的正关系而言，面向多重信息的影响力计算难度更大，其研究更加贴近生活实际，具有重要的指导意义。

5　基于级联数据的影响力计算

5.1　引言

前面两章给出的面向局部和全局信息的影响力计算都是基于网络图，其研究思路主要是围绕网络图的拓扑结构，从模拟传播路径、邻域节点和连接情况等角度设计了节点影响力的度量方法，所用的实验数据特点就是网络中的个体关系明确。随着互联网的快速发展，越来越多的互联网用户从信息的消费者成为信息的发布者，在线社交网络平台也成为信息发布者用来分享生活、学习和观点的平台，在社交过程中，用户到底受谁的影响而关注某人经常是没有确切的个体之间关系，社交网络图结构不能有效捕捉用户间的真实影响。因此，在没有明确的个体关系前提下如何计算节点的影响力是一个挑战。

基于此背景，本章给出一种融合活跃转发者的影响力计算方法及在影响最大化问题的求解方法（A Method Integrating Active Information Forwarder for Influence Maximization，IMIAF）。

5.2　融合活跃转发者的影响最大化

5.2.1　活跃转发者的影响

社交平台上的用户每天发布大量的信息或转发信息，由此产生了大量的信息级联。这些信息级联包含了级联长度和参与传播的用户，本书通过级联能够观测信息真实的影响范围。用户对信息 m 的发布和转发的行为可视为用户参与级联。用户参与信息传播的行为定义如下：

（1）发布（Publish）。用户 u 可以产生信息 m ，通过发布功能将信息 m 发送到社交平台，形成信息传播的初始化，将该用户的发布行为记为 A_p 。

（2）转发（Forward）。用户 u 可以转发他人发布的信息 m ，通过转发功能将信息 m 转发至社交平台，实现信息的扩散，将该用户的转发行为记为 A_f 。

定义 5-1　级联。信息的级联被定义为如下的集合：

$$\mathrm{Act}_j = < u,\ m,\ A,\ t >,\ A \in \{A_p,\ A_f\} \tag{5-1}$$

$$\mathrm{Cascade}(m) = \{\mathrm{Act}_1,\ \mathrm{Act}_2,\ \cdots,\ \mathrm{Act}_n\} \tag{5-2}$$

其中，Act_j 表示对信息 m 的第 j 个级联行为；用户 u 为信息 m 的行为关联人，u 的级联行为可以是发起行为 A_p 或转发行为 A_f；t 为用户 u 发起行为的时间。

设 O 为所有信息发布者的集合，$C(m)$ 为参与信息 m 的级联用户集合。其中，集合 $C(m)$ 由一个信息发布者和多个转发者们组成。在所有转发者中，有些转发者是其他信息的发布者，本书称其为活跃转发者。

定义 5-2 活跃转发者。信息 m 的级联中包含级联信息发布者和转发者，转发者中有普通转发者和活跃转发者，$\text{Forwarders}(m)=\text{Forwarders}_c(m)\cup\text{Forwarders}_p(m)$。当转发者集合中的用户 u 属于集合 O 和 $C(m)$ 时，则将用户 u 定义为活跃转发者，即 $\text{Forwarders}_c(m)=\{u_1, \cdots, u_\lambda\}$，$u\in O$ 且 $u\in C(m)$ 。最先发起转发的活跃转发者为最早活跃转发者 u_1，u_1 是集合 $\text{Forwarders}_c(m)$ 中以转发时刻升序排列的第一个用户。

转发者能更好地传播与扩散信息，但不同的转发者对信息扩散的影响程度不同。由此，本书以信息的活跃性来区别转发者。由定义 5-2 可知，活跃转发者不仅会参与当前信息的转发，而且会发布新的信息，这说明活跃转发者对信息的活跃程度比普通转发者更强。活跃转发者越早转发信息越能让更多的用户参与级联，也就使得信息的级联长度更长。因此，最早活跃转发者往往更能积极影响信息的扩散。

为了说明活跃转发者对信息扩散的影响程度，本节在开源的级联数据上统计了不同长度信息级联中的活跃转发者数量。若活跃转发者数量越多的信息级联越长，则说明活跃转发者对信息扩散的影响程度越深。在数据集 Digg、Sina Weibo 和 Aminer 上，本方法对信息级联的活跃转发者做了统计分析。较长和较短级联的平均活跃转发者数量统计过程如下：（1）按级联的长度降序排列；（2）由于数据集中的级联数据规模较大，选取前 10%的级联为长级联和后 10%的级联为短级联；（3）分别统计活跃转发者在对应长短类别级联的总数，并计算对应类别中级联的活跃转发者数量的平均数量。长短级联的平均活跃转发者数量如图 5-1 所示。

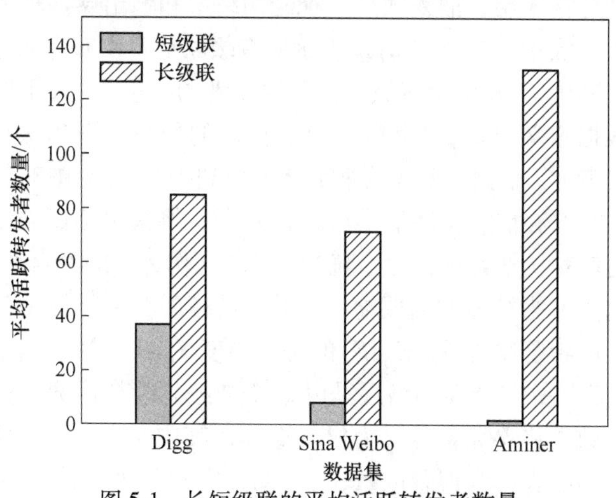

图 5-1 长短级联的平均活跃转发者数量

如图 5-1 所示，横坐标为开源数据集，纵坐标为平均活跃转发者数量。从图 5-1 中能看出，在不同数据集上，长级联数据比短级联数据的平均活跃转发者数量都更多，整体上说明活跃转发者对于信息级联的长度存在影响且影响积极。级联长度越长的信息说明被转发得越多，信息可达用户也就更多，扩散范围也就越广。因此，活跃转发者能积极影响信息的扩散。

5.2.2　融合活跃转发者特征的神经网络模型

2020 年，George 等人基于历史日志，提出 IMINFECTOR（Influence Maximization with INFluencer vECTORs）方法，为影响力的计算提供了新的角度。该方法可以捕捉到信息传播过程的高阶相关性。同时 IMINFECTOR 中的信息扩散模型和传统的扩散模型在扩散机制方面存在差异，传统的扩散模型在对影响概率的计算时需要考虑中间传播介质，而 IMINFECTOR 的模型计算传播概率不考虑间接扩散。不少算法在信息的传播过程中都考虑了影响因素，但忽略了活跃转发者的影响。信息发布者在以个人传播信息时，信息的扩散范围有限，往往借助他人转发或关注能更好地传播与扩散信息，个人的影响力和参与信息扩散的人的影响力也有很大的关系。

鉴于基于神经网络模型计算传播概率能捕捉到信息传播过程的高阶相关性，同时为了更好地融合活跃转发者对信息传播的影响，本方法设计了融合活跃转发者特征的嵌入式神经网络模型，综合考虑融合活跃转发者信息传播的高阶相关性和传播概率。嵌入式部分主要为初始化所有用户的表示向量和特征融合。神经网络部分拟以级联的信息发布者和活跃转发者的特征融合向量为输入，通过级联的真实影响范围进行有监督训练。

基于上述思路，嵌入式神经网络模型设计如图 5-2 所示的模型。模型由 4 个部分组成，分别为输入层、嵌入式层、神经网络层和输出层。输入层是信息级联的用户。在嵌入式层中，本书将 $\boldsymbol{S}_{I\times E}$ 表示所有级联信息发布者对应的初始嵌入式特征向量矩阵，其中，I 表示所有级联信息发布者的数量，E 表示嵌入式特征向量指定的维度。根据定义 5-2，本书可从上层输入的用户提取出级联信息发布者 u 和最早活跃转发者 i，根据 u 和 i 的索引就可得到矩阵 $\boldsymbol{S}_{I\times E}$ 中对应的嵌入式特征向量 $\boldsymbol{S}_u$ 和 $\boldsymbol{S}_i$。本方法重点关注最早活跃转发者，将最早活跃转发者 i 作为级联信息发布者 u 的信息扩散影响因素。随后，选择 i 作为 u 的融合对象，将 $\boldsymbol{S}_u$ 和 $\boldsymbol{S}_i$ 特征融合后的向量作为神经网络层输入，其中特征融合为特征的值相加并保持向量维度不变，$\boldsymbol{S}_u$ 的特征维度 $\boldsymbol{S}_u.E$、$\boldsymbol{S}_i$ 的特征维度 $\boldsymbol{S}_i.E$ 和神经网络层输入向量的特征维度 input. E 相等。神经网络层是由 N 个神经元组合而成，每个神经元都有其权重和偏置参数，将 $\boldsymbol{W}_{E\times N}$ 表示为权重矩阵，其中，N 表示为设计网络中所有用户集合的数量，$\boldsymbol{b}_n$ 表示为偏置向量，n 为偏置向量长度且值与 N 相等。输出层

的函数 f 为 sigmoid( ) 函数，该函数能将前一层网络的输出数值映射为数值范围为 0~1 的概率值。

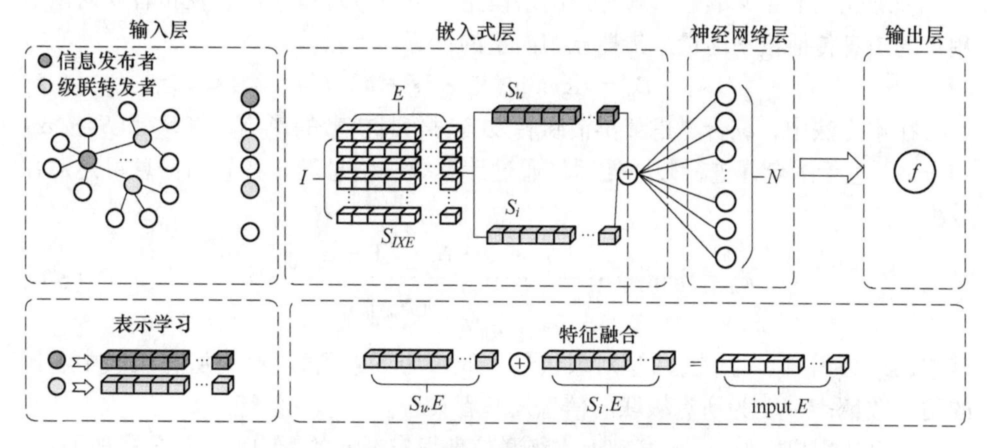

图 5-2 嵌入式神经网络模型

本书将级联信息的发布者设为训练对象，对象的标签对应的是该级联信息能传播到的用户。根据级联信息发布者的标签，将本方法的模型进行有监督训练。类比图像识别，神经网络输出值经过 sigmoid( ) 函数会生成识别类别的概率向量，本书则是将经过 sigmoid( ) 函数的概率向量视为信息对目标用户的传播概率向量。常见的损失函数有均方误差损失函数和交叉熵损失函数等，其中交叉熵损失函数使用了 sigmoid( ) 函数，能避免神经网络在梯度下降时学习速率降低的问题。为了验证模型的效果，设计了融合活跃转发者特征的损失函数。损失函数如下：

$$L = \gamma \cdot \lg(\mathrm{sigmoid}(\boldsymbol{S}_u \cdot \alpha + \boldsymbol{S}_i \cdot (1-\alpha)) \cdot \boldsymbol{W} + \boldsymbol{b}) \tag{5-3}$$

其中，γ 为对应级联用户在所有用户序列中的索引序号的布尔值向量，在级联中出现的用户布尔值为 1，未在级联中出现的用户布尔值为 0；α 为特征向量 $\boldsymbol{S}_u$ 的融合权重；$1-\alpha$ 为特征向量 $\boldsymbol{S}_i$ 的融合权重；$\alpha:(1-\alpha)$ 为特征融合的权重比例；$\boldsymbol{W}$ 为神经网络层中的权重矩阵；$\boldsymbol{b}$ 为神经网络层中的偏置向量。

本方法的嵌入式神经网络通过随机梯度下降函数来优化训练过程中的损失值，模型在学习率为 r 的梯度下降过程中，损失值 L 会随训练次数 q 不断增大而逐渐趋于最小值，每次训练结束后，模型会将误差反向传递来更新神经网络层中的权重矩阵 $\boldsymbol{W}$ 和偏置向量 $\boldsymbol{b}$，级联信息发布者 u 和活跃转发者 i 的特征向量也随着误差的反向传递而更新数值。$\boldsymbol{S}_u$ 和 $\boldsymbol{S}_i$ 更新如下：

$$\boldsymbol{S}_{\tau,q+1} = \boldsymbol{S}_{\tau,q} - r\frac{\partial L_q}{\partial \boldsymbol{S}_{\tau,q}},\ \tau \in \{u,\ i\} \tag{5-4}$$

5.2.3　高影响力节点的选择

训练完上节定义的嵌入式神经网络模型，可以计算级联信息发布者 u 对所有用户的信息传播概率向量。传播概率向量的计算如下：

$$\boldsymbol{P}_u = \text{sigmoid}(\boldsymbol{S}_u \cdot \boldsymbol{W} + \boldsymbol{b}) \tag{5-5}$$

在本方法中，综合考虑最早活跃转发者对信息扩散的影响，将 $\boldsymbol{S}_u$ 和 $\boldsymbol{S}_i$ 按 α：$(1-\alpha)$ 进行融合并进行归一处理，通过计算级联信息发布者 u 的信息可达对象数量 $\boldsymbol{\kappa}_u$：

$$\boldsymbol{\kappa}_u = \text{floor}\left(\gamma \cdot \frac{\| \boldsymbol{S}_u \cdot \alpha + \boldsymbol{S}_i \cdot (1-\alpha) \|_2}{\sum_{w \in I(C)} \| \boldsymbol{S}_w \|_2}\right) \tag{5-6}$$

其中，$\boldsymbol{\kappa}_u$ 为用户 u 的信息可达对象数量；floor 为下限函数；γ 为所有级联中不同的用户数量；$I(C)$ 为所有级联的信息发起者集合。

在可达用户数量 $\boldsymbol{\kappa}_u$ 的基础上，级联信息发布者 u 的影响力计算公式如下：

$$\Im_u = \sum_{\eta=1}^{\kappa_u} \hat{\boldsymbol{P}}_{u,\eta} \tag{5-7}$$

其中，$\hat{\boldsymbol{P}}_{u,\eta}$ 为 $\boldsymbol{P}_u$ 按值降序排列后的第 $\boldsymbol{\eta}$ 个概率值。

在获得节点信息传播概率向量和用户节点影响力的技术上，本书采用了以下种子节点选取规则：(1) 影响力越大越易扩散信息，先找出最大影响力 $\Im_u$ 的节点；(2) 为了规避已选择节点，记录前 $\boldsymbol{\kappa}_u$ 个 $\boldsymbol{P}_u$ 向量中概率大的节点为可达对象集；(3) 重新计算除可达对象外的用户节点传播概率向量和用户节点影响力值；(4) 基于贪心启发策略，循环执行步骤 (1) (2) 和 (3)，每轮选择当前影响力值的最大的节点为种子节点，直至选择出 k 个种子为止。这些种子节点最终在理论上可达到理想的传播范围。

根据以上规则和前面介绍的嵌入式神经网络模型，本方法给出融合最早活跃转发者特征的种子节点选择算法，如算法 5-1 所示。

算法 5-1：融合最早活跃转发者的种子节点选择算法

输入：预选种子节点数量 k，候选种子节点集合 H

输出：信息扩散的初始种子节点集合 z

```
1 Initialize S, W, α, epoch empty list P={}, Ω={}, U={};
2 while epoch>0 do //train the model
3   for u in H do
4     i =FindFirst(u); //查找最早活跃转发者
5     Compute loss by using Formula (5-3);
6     Update Su, Si by using Formula (5-4);
```

```
7    end for
8    epoch--;
9 end while
10 for u in H do
11    Compute P_u by using Formula (5-5);
12    Compute κ_u by using Formula (5-6);
13    Compute ℑ_u by using Formula (5-7);
14    P.add (P_u) ;
15    Ω.add (κ_u) ;
16    U.add (ℑ_u) ;
17 end for
18 for (j=0; j<k; j++)
19    curr_seed=sort(U)[0] .user;
20    Z.add (curr_seed);
21    H.delete (curr_seed);
22    top_users=sort(P.get(curr_seed))[0: Ω.get(curr_seed)].users;
23    U={};
24    for s in H do
25    P.get(s) .removeValues([top_users]) ;
26    Compute ℑ_s by using Formula (5-7);
27    U.add (ℑ_s) ;
28    end for
29 end for
30 return z;
```

在算法5-1中，第1行是模型初始阶段，初始化嵌入式层中的嵌入式矩阵 $\boldsymbol{S}$ 、神经网络层的权重矩阵 $\boldsymbol{W}$ 、特征向量 $\boldsymbol{S}_u$ 的融合权重 α 、模型迭代训练次数epoch、列表 U 、列表 P 和列表 Ω 。第2~9行是模型的训练阶段，将 u 表示为级联信息发布者集合的用户，将 i 表示为 u 对应的最早活跃转发者。在嵌入式层，将 u 的特征向量融合 i 的特征向量，把融合向量作为神经网络层的输入。随后，在神经网络层中，模型先根据式（5-5）前向计算，然后根据前向计算结果以式（5-3）计算损失值（第5行），然后再根据损失值反向传递更新权重矩阵 $\boldsymbol{W}$ 和偏置向量 $\boldsymbol{b}$ 并使用梯度下降法更新 $\boldsymbol{S}_u$ 和 $\boldsymbol{S}_i$（第6行），最后迭代直至训练次数epoch为0。第10~17行是候选种子参数的记录阶段，列表 U 记录所有信息发布者节点的影响力值，列表 P 记录所有信息发布者节点的传播概率向量，列表 Ω 记录所有信息发布者的信息可达对象数量。第18~29行为种子节点选择的迭代阶段，将curr_seed表示为当前影响力最大用户节点（第19行）。第22~28行为更新影响力过程，top_users为种子节点curr_seed的所有可达对象用户，置空列表 U 后，更新剩余候选节点的传播概率向量和影响力。其中，更新剩余候选节点的影响力所用的概率向量需规避可达对象，故将剩余候选节点的传播概率向量剔除可得对象对应的概率值（第 25 行）。在算法 5-1 中，模型训练时间复杂度为 $O(\text{epoch} \cdot H_{\text{size}})$，其中，$H_{\text{size}}$ 为初始候选种子集合 H 的数量，种子节点选择算法的时间复杂度为 $O((\text{epoch} + k) \cdot H_{\text{size}})$，其中，$k$ 为种子节点个数。

5.3 实验结果与分析

5.3.1 实验数据

相比于传统的社交网络图数据，带有级联数据的数据集能更好地描述信息传播的实际情况，其数据也更有利于社交分析。因此，本文选择数据集 Digg、Sina Weibo 和 Aminer 作为实验数据集，这些数据集的用户之间存在着较多的信息级联。实验数据集的用户数和级联数见表 5-1。

表 5-1 实验数据集的用户数和级联数

项目	Digg 数据集	Sina Weibo 数据集	Aminer 数据集
用户（节点）数	27963	1170689	2092356
级联数	3553	115686	944959

Digg 是一个由社交媒体网站衍生的朋友关系网络和级联数据集，其转发记录构成级联数据；Sina Weibo 是一个由新浪微博平台提供的真实社交网络和级联数据集，其转载日志构成级联数据；Aminer 是一个论文作者（发布者）网络和级联数据集，其论文引用（转发记录）构成级联数据。数据集下载地址如下。

Digg 数据集：https://www.isi.edu/~lerman/downloads/digg2009.html

Sina Weibo 数据集：https://www.aminer.cn/influencelocality

Aminer 数据集：https://www.aminer.cn/aminernetwork

5.3.2 实验设计与环境

为了验证融合最早活跃转发者的特征能使信息更好地扩散，本实验将 IMIAF 和其他经典算法进行对比。在相关工作中，本实验提到的一些算法是基于图结构数据验证，且有些不适合规模大的数据集，因此，本方法选择与 AVG-CS、K-cores 和 IMINFECTOR 进行对比。算法简介见表 5-2。

表 5-2 算法简介

算法	算 法 简 介
AVG-CS	基于节点平均级联的影响最大化算法

续表 5-2

算法	算 法 简 介
K-cores	基于 k 核通过描述度分布的影响最大化算法
IMINFECTOR	基于表示学习的影响最大化算法

在种子节点选择上，AVG-CS 算法通过计算平均级联数，并以级联数属性选择种子集合，K-cores 算法通过无向 k 核分解得到节点的核心数，并综合节点的核心数和度数两个属性选择种子集合，IMINFECTOR 算法通过其模型计算表示学习向量，以表示学习向量为基础设计筛选种子节点方法。

在本实验中，将用户和最早活跃转发者的特征向量的维度设置为 50，嵌入式神经网络模型的学习率和迭代训练次数分别设为 0.1 和 10。为了更好体现信息发布者特征在特征融合中的主体作用，将参数 α 设置为大于等于 0.5。实验从信息的扩散角度出发，对比分析种子节点的信息扩散效果，从而评价算法的有效性。考虑到种子节点数量对各算法的实验结果有一定影响，实验以递增种子节点的数量来观察算法的影响最大化结果，Digg、Sina Weibo 和 Aminer 的种子数量根据数据集规模设置为 50、1000 和 10000。

5.3.3 实验结果

由于 IMIAF 方法的式（5-3）和式（5-6）需要参数 α 来设置信息发布者 u 和最早活跃转发者 i 的特征向量融合比例，因此，需要确定信息发布者 u 的特征向量融合权重 α 。信息发布者 u 和最早活跃转发者 i 的特征向量以不同比例融合后，由式（5-6）得到信息发布者的传播概率向量会有所不同，最早活跃转发者对实际信息扩散的影响效果也不同，最终导致 IMIAF 的影响最大化的结果差异化。为了更深入分析特征融合比例对信息扩散结果的影响，本节实验将调整级联信息发布者与最早活跃转发者特征向量的融合比例，即调整参数 α ，分析并总结不同比例的融合向量对影响最大化的影响效果。哪种特征融合比例的信息扩散的范围更广，则说明哪种特征融合比例对算法的有效性提升更有利。图 5-3 为实验数据上 IMIAF 调整参数 α 的影响最大化结果。

在图 5-3 中，横坐标为种子节点的数量，纵坐标为信息的真实扩散范围值，即真实扩散范围内影响到的去重用户数量（DNI，Distinct Nodes Influence）。由图 5-3 所示，$\boldsymbol{S}_u$ 和 $\boldsymbol{S}_i$ 在不同比例特征融合下对影响最大化结果有一定的影响，不同数据集的实验结果也有差异。3 个数据集中，信息的真实扩散范围随着种子个数增加呈上升趋势，但并不是最早活跃转发者特征向量的融合权重越高，使得 IMIAF 的影响最大化效果越好，因为数据集的差异性，数据集的差异在于长短级

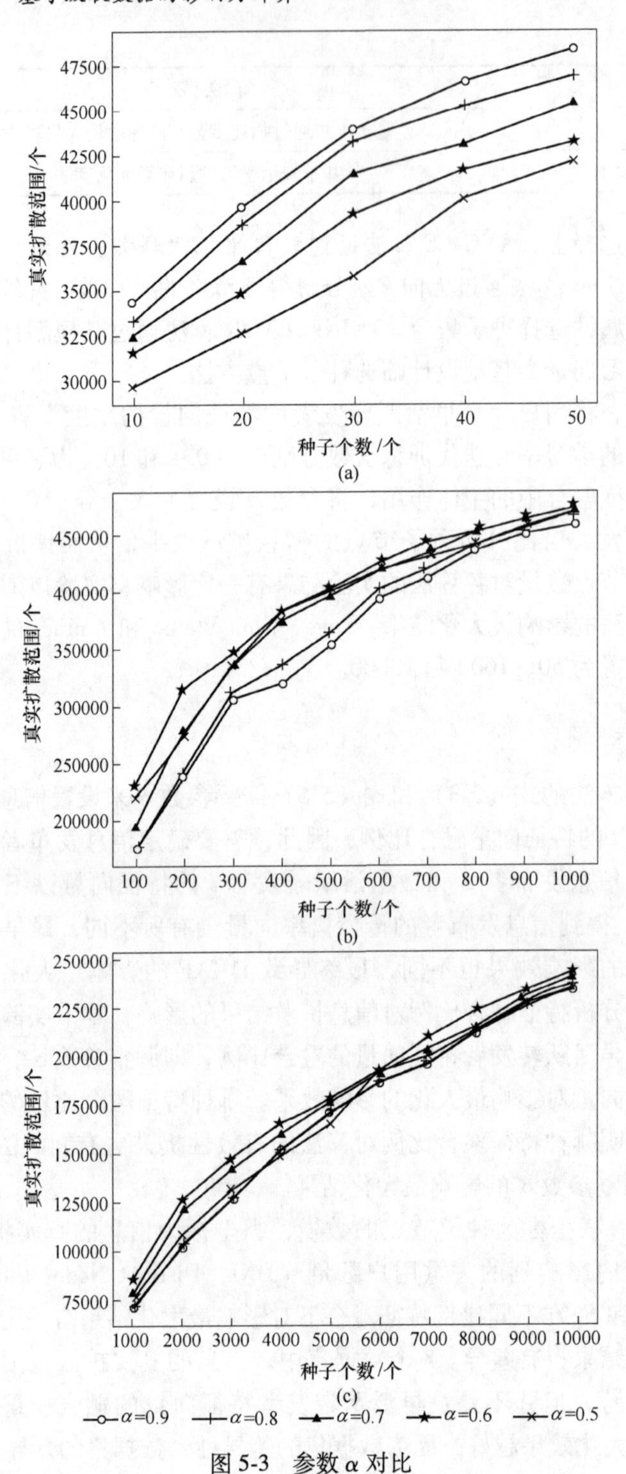

扫一扫看更清楚

图 5-3 参数 α 对比

（a）Digg；（b）Sina Weibo；（c）Aminer

联中活跃转发者是否相对离散分布，使得最早活跃转发者特征向量的融合权重需要调整。从图 5-3 可以看出，Sina Weibo 和 Aminer 中长短级联的平均活跃转发者数量差距相比于 Digg 较为明显，活跃转发者在信息级联中更集中于长级联，一定程度上说明 Sina Weibo 和 Aminer 的活跃转发者对真实扩散范围的影响更为明显。在 Digg 数据集中，随着 α 的取值越大，信息的真实扩散范围值随之提升，数据集中活跃转发者离散分布，信息发布者在真实信息扩散过程中更多靠自身影响力，最早活跃转发者对信息扩散的影响也就受到一定局限，因此，在融合活跃转发者的前提下，信息发布者特征向量的融合权重更大，有利于 IMIAF 的影响最大化结果，$\alpha=0.9$ 时 IMIAF 的影响最大化结果较为显著；在 Sina Weibo 数据集上，调节参数 α 对 IMIAF 的影响并没有 Digg 数据集上明显，但从整体上看，$\alpha=0.6$ 时 IMIAF 的影响最大化效果更好，最早活跃转发者特征向量的融合权重越大，一定程度上能体现出最早活跃转发对信息扩散的影响越积极；在 Aminer 数据集上，可以看出 $\alpha=0.6$ 时 IMIAF 的影响最大化效果更好，随着提升最早活跃转发者的权重，IMIAF 的效果也呈现上升趋势。综合 3 个数据集的实验结果，本方法将设置实验参数 α 为 0.6。

为了验证 IMIAF 的有效性，在实验数据集上，将部分经典算法和 IMIAF 的信息扩散范围值分别对比。图 5-4~图 5-6 所示分别为各算法在实验数据集上的实验结果。

从图 5-4~图 5-6 中可以看出，在数据集 Digg、Sina Weibo 和 Aminer 上，随着种子节点的数量增加，各算法的信息扩散范围也随之增大。此外，考虑了最早活跃转发者的 IMIAF 的表现有着相对优势，优于 AVG-CS、K-cores 和 IMINFECTOR。在实际的社交网络中，最早活跃转发者通常是有大影响力的转发人，

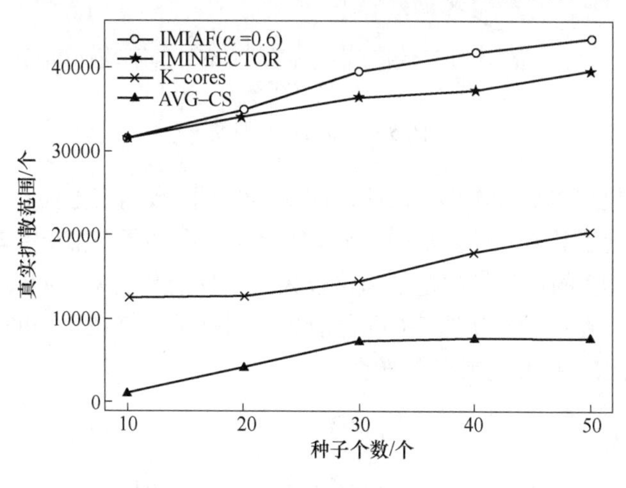

图 5-4 Digg 数据集

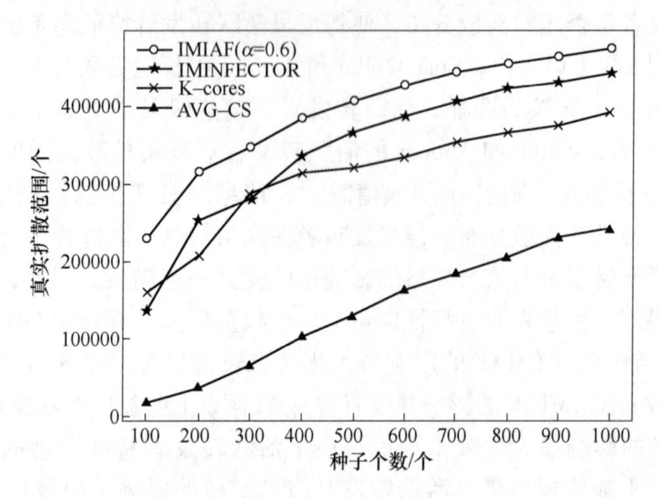

图 5-5　Sina Weibo 数据集

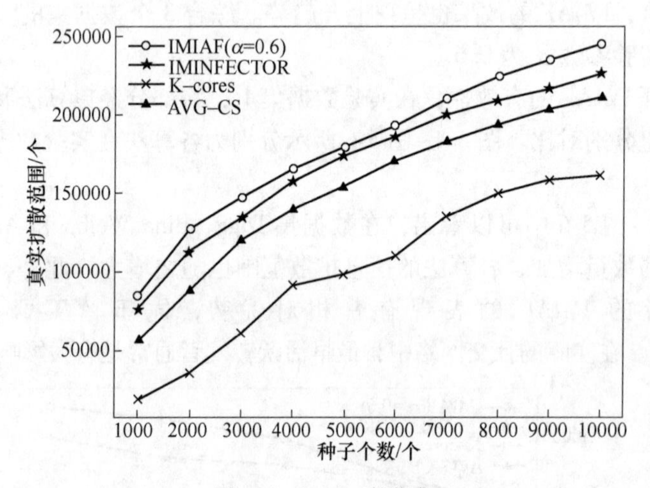

图 5-6　Aminer 数据集

对信息有时能起到强扩散作用。由此，IMIAF 在不同数据集上能有效求解影响最大化问题，体现了其有效性。从图 5-5 还能看出，在种子节点 $k=200$ 和 $k=300$ 时，IMINFECTOR 的信息扩散范围起伏较大；在种子节点 $k=300$ 时，K-cores 的信息扩散范围存在波动。从图 5-6 还能看出，当种子节点在 $k=4000$ 和 $k=6000$ 时，K-cores 的信息扩散范围存在波动。

5.4　本章小结

在社交网络个体之间关系不明确的前提下，本章统计了活跃转发者数量和级联的用户规模，讨论了活跃转发者对信息扩散的影响，给出了一种基于级联数据的影响力计算方法，通过嵌入式神经网络模型训练获取用户特征向量，计算融合活跃转发者的用户影响力，并用以求解影响最大化问题。通过实验结果发现，该方法在影响扩散范围方面具有优势，具有适用性。该方法丰富了影响力计算的研究内容，为解决充满各种不确定因素的复杂网络的影响力计算的相关问题提供了新的思路。

信息传播过程的信息扩散范围的现实影响因素较多，最早活跃转发者只是其中之一，多个活跃转发者的影响融合后也可成为信息扩散的影响因素。因此，如何综合考虑转发者及自身的影响力，给用户建模，这有待更多的研究解答。

6　如何进一步发挥影响力

6.1　引言

通过前面几章的介绍，讨论了如何在基于图结构、级联形式的社交网络数据上度量用户影响力，并用以解决影响最大化问题，以期获得更广的影响范围。如果在高影响力种子确定的前提下把扩大影响力的目标进一步延伸，这是个有趣的话题，对传统的影响最大化问题有重要意义。针对于如何进一步发挥影响力，本章主要对优化网络结构、种子分批投放的两种策略进行介绍。

6.1.1　网络结构优化

对于影响最大化的研究，学者们大部分专注于高影响力种子挖掘算法的研究，他们认为只要找到最优种子节点，就能得到最大的收益。而在现实生活中往往存在投入的种子无法达到预期效果的情况，这时就可以通过优化网络结构来加速信息的传播。如何优化网络结构是一个值得研究的问题，如重连边、加边等。图 6-1 所示为一个网络结构优化示例图。

在图 6-1 中，节点 4 是信息源，图 6-1（a）所示为重连边示例图，图 6-1（b）所示为加边示例图。图 6-1（a）中，左侧是源网络，中间是重连边后的网络，右侧是节点 4 传播信息到其他节点的概率表，表中 p_1 是源网络中节点 4 传播信息到其他节点的概率，p_2 是重连边后的网络中节点 4 传播信息到其他节点的概率。从表中数据可以看出大部分节点的传播概率明显上升，有效地提高了信息源扩散的范围（假设激活概率 $r = 0.2$，则源网络中，节点 4 将激活 3 个节点，重连边后的网络中，节点 4 将激活 5 个节点）。同理，图 6-1（b）中，所有的节点在添加边之后，节点 4 传播信息到它们的概率都提高了，在与前面同等条件下，添加边后的网络中，节点 4 将激活 6 个节点。从图 6-1 示例中可以明显看出，加边对加速信息传播的效果比重连边要好。添加边可以看作是社交平台为提高某用户的影响力的一个举措，将该用户的信息向其他用户开放一个信息渠道，将两个用户关联。以 TikTok 为例，为推广具有带货资质的商家，TikTok 提供推荐功能，主动将商家的信息推送给可能感兴趣的用户，让更多的用户关注商家（扩大商家的影响力），提高订单转化率。

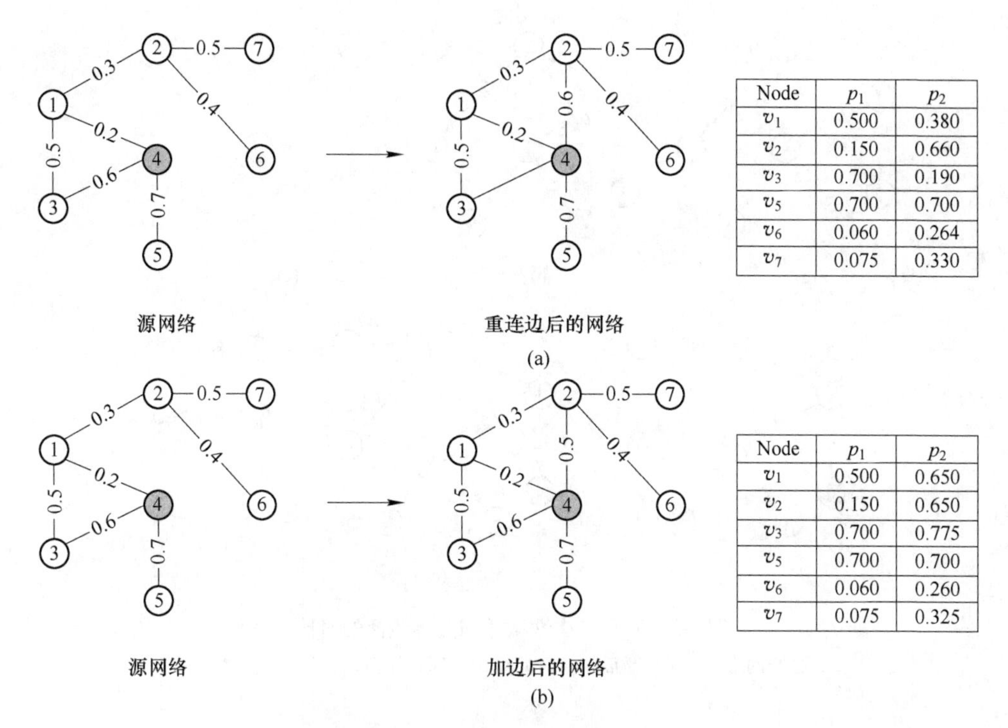

Node	p_1	p_2
v_1	0.500	0.380
v_2	0.150	0.660
v_3	0.700	0.190
v_5	0.700	0.700
v_6	0.060	0.264
v_7	0.075	0.330

Node	p_1	p_2
v_1	0.500	0.650
v_2	0.150	0.650
v_3	0.700	0.775
v_5	0.700	0.700
v_6	0.060	0.260
v_7	0.075	0.325

图 6-1 重连边与加边的对比
（a）重连边示例；（b）加边示例

6.1.2 自适应影响最大化

大部分已有的影响最大化工作是基于在信息传播前选择 k 个种子并一次性激活。而在现实中，人们在预算 k 已确定的前提下，更希望激活 k_1($k_1 \leqslant k$) 个用户，然后观测社交网络的信息传播结果，再来决定下一次激活哪些用户，即分批激活。为了进一步扩大高影响力种子的扩散范围，学者们提出了自适应影响最大化问题，即将种子分批投放下的影响最大化。

图 6-2 所示为一次性 k 个激活种子和分批 k 个激活种子的效果示例。在图 6-2 中，图 6-2（a）为社交网络 G，图 6-2（b）为选择 v_1 作为种子并激活的信息传播情况，图 6-2（c）所示为从 G 中移除已激活节点及相连的边后的余图，图 6-2（d）所示为在第一次种子 v_1 激活后得到的影响结果图的基础上选择 v_2 作为种子并激活的信息传播情况，图 6-2（e）所示为一次性选择 v_1、v_4 作为种子并激活后的信息传播情况。从激活的结果来看，分两次投放种子情况下激活的节点数量是 6 个，一次性投放 2 个种子情况下激活的节点数量是 3 个。从这个示例可以看出，自适应投放种子比非自适应投放种子的效果更好。

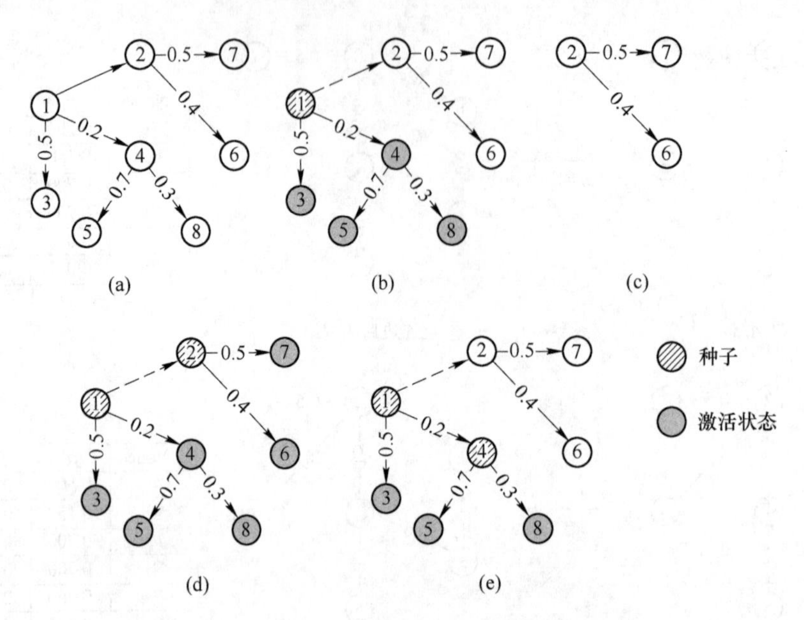

图 6-2　种子一次性激活和分批激活的对比

（a）社交网络 G；（b）激活 v_1；（c）余图；（d）激活 v_2；（e）一次性激活

6.2　通过加边扩大影响最大化

对于加边问题，少数学者已经给出了静态网络中通过加边来加速信息的传播的解决方案。但是，由于网络的复杂性，加边问题面临着一些挑战。首先，信息源是加边问题的基础，而信息源的选择问题是 NP-hard 难问题，因此选择有效的信息源并解决加边问题是很困难的。其次，网络多变且难以捕捉网络变化，更新网络费时费力。最后，加边问题具有超模性，即使采用最先进的超模块优化算法也很难解决大规模网络的加边问题。因此，动态网络中通过优化网络结构来加速信息的传播的解决方案还有待完善。

为了应对上述挑战，本节给出激活概率感知的框架（AP，Activation Probability-aware）。该框架包括 3 个主要模块，分别为数据检索（图生成）、节点的影响力估算、边加入。第一个模块主要是获取图结构表示的数据；第二个模块主要功能是评估静态和动态社交网络下的节点影响力，包括挖掘高影响力的个体作为种子和构建节点的影响集；第三个模块主要功能是加边，根据设计的加边策略连接种子节点和其他具有潜在的高影响力节点。

6.2.1　加边问题

在现实生活中，公司为了推广产品，需要去找代言人进行宣传，但有些流量代言人会随着时间的流逝被人们淡忘，导致最终的宣传效果达不到预期。这时需要采取一些措施进行补救，重新找代言人成本过高，可以对销售网的结构进行调整，以达到提升宣传效果的目的。为了让加边问题更加形式化，分别给出了静态和动态网络中加边问题的定义。

定义 6-1 静态网络加边问题。给定一个网络 $G=(V,\ E)$ 和一个种子集 A，往网络 G 中添加一个大小为 k 的边集 $S\subseteq V\times V\setminus E$，使得种子集 A 的影响传播范围最大。目标函数为

$$S^{*}=\underset{S\subseteq V\times V\setminus E,|S|=k}{\arg\max}\sum_{a\in A}\sigma(a,\ G^{*}(V,\ E\cup S)) \tag{6-1}$$

其中，$V\times V$ 表示节点集为 V 的完全图的边集；$\sigma(a,\ G^{*}(V,\ E\cup S))$ 表示种子节点 a 在网络 G^{*} 中的影响传播范围，而 G^{*} 是往 G 中添加 k 条边后得到的网络。

定理 6-1 单调性和超模性：函数 $\sigma(a,\ G^{*}(V,\ E\cup S))$ 具有单调性和超模性。对任意边集 $S\subseteq S'$，$e\in V\times V\setminus S'$，函数 $\sigma(a,\ G^{*}(V,\ E\cup S))$ 都满足如下不等式：

$$\begin{aligned}&\sigma(a,\ G'(V,\ E\cup S\cup\{e\}))-\sigma(a,\ G^{*}(V,\ E\cup S))\\&\leqslant\sigma(a,\ G''(V,\ E\cup S'\cup\{e\}))-\sigma(a,\ G'''(V,\ E\cup S'))\end{aligned} \tag{6-2}$$

其中，G'、G'' 和 G''' 分别为网络 $G=(V,\ E)$ 添加边集 $S\cup\{e\}$、$S'\cup\{e\}$ 和 S' 后得到的网络。

定义 6-2 动态网络加边问题。给定网络快照序列 $G=\{G^{0},\ G^{1},\ \cdots,\ G^{n-1}\}$ 和一个种子集 A，往网络快照 $G^{t}=(V^{t},\ E^{t})(t=0,\ 1,\ \cdots,\ n-1)$ 添加一个大小为 k 的边集 $S^{t}\subseteq V^{t}\times V^{t}\setminus E^{t}$，使得种子集 A 的影响传播范围最大。目标函数为：

$$S^{t*}=\underset{S^{t}\subseteq V^{t}\times V^{t}\setminus E^{t},\ |S^{t}|=k}{\arg\max}\sum_{a\in A}\sigma(a,\ G^{t*}(V^{t},\ E^{t}\cup S^{t})) \tag{6-3}$$

其中，$G^{t}=(V^{t},\ E^{t})(t=0,\ 1,\ \cdots,\ n-1)$ 是网络在 t 时刻的网络快照，n 为网络快照的个数。$\sigma(a,\ G^{t*}(V^{t},\ E^{t}\cup S^{t}))$ 表示种子节点 a 在网络 G^{t*} 中的影响传播范围，而 G^{t*} 是往 G 中添加 k 条边后得到的网络。

推断 6-1 单调性和超模性：目标函数 $\sigma(a,\ G^{t*}(V^{t},\ E^{t}\cup S^{t}))$ 具有单调性和超模性。

定理 6-1 已给出静态网络加边问题的目标函数具有单调性和超模性，而动态网络可以被分为多个网络快照，每个快照相当于一个静态网络。因此，动态网络加边问题的目标函数也具有单调性和超模性。

6.2.2 AP 框架

根据前面的形式化描述可知，不管是对于静态网络还是动态网络，加边问题

的目标函数都具有单调性和超模性。和子模性问题一样，解决加边这样的超模性问题也需要通过大量的仿真实验来评估可能被添加的边的潜力，因为 $\sigma(a, G^*(V, E \cup S))$ 的计算是一个 NP 难问题。为了在近线性时间内解决加边问题，提出 AP 框架。AP 框架主要由数据预处理、种子挖掘、建立节点影响集和加边四个模块组成。这四个模块相辅相成，虽然在静态网络和动态网络中，它们传达的意思可能会有所不同，但它们组合在一起的最终目的都是为了扩大种子节点的影响传播范围。AP 框架的具体结构如图 6-3 所示。

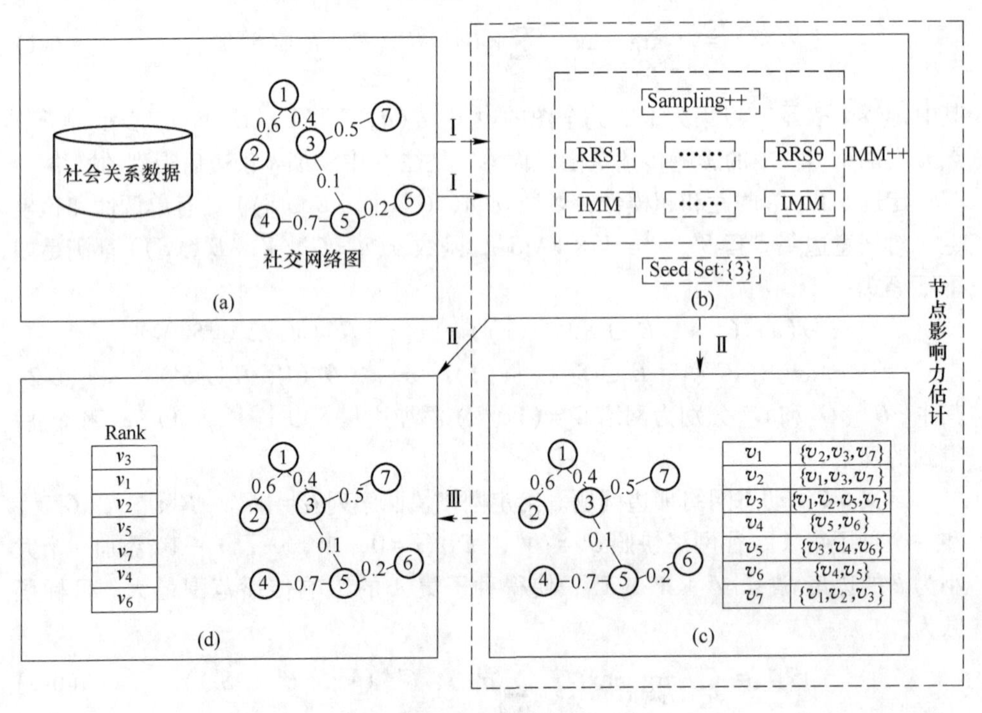

v_1	$\{v_2,v_3,v_7\}$
v_2	$\{v_1,v_3,v_7\}$
v_3	$\{v_1,v_2,v_5,v_7\}$
v_4	$\{v_5,v_6\}$
v_5	$\{v_3,v_4,v_6\}$
v_6	$\{v_4,v_5\}$
v_7	$\{v_1,v_2,v_3\}$

图 6-3　AP 框架

（a）图生成；（b）种子挖掘；（c）建立节点影响集；（d）加边

在图 6-3 中，图 6-3（a）所示为数据预处理模块，该模块的功能是将社交关系数据按图结构进行存储。图 6-3（b）所示为种子挖掘模块，该模块主要是对社交网络图进行采样，得到反向可达集，再根据节点最大覆盖反向可达集数选拔种子节点。图 6-3（c）所示为建立节点影响集模块，此模块是为了应对在动态网络中 IMM++算法无法快速捕捉网络的动态变化的缺陷而设计的。它仅对发生变化的局部进行更新，无须进行全局更新，简化了动态更新过程。图 6-3（d）所示为加边模块，该模块先根据节点的度量值（如：节点影响集的大小、节点覆盖的反向可达集数量等）进行排序，然后给排名靠前的节点与种子节点之间加边。从图 6-3 中的示例可以看出，在网络图中，由于排名靠前的节点 1、2、5 和 7 都可以被种子节点3所激活，所以，无须给种子节点3与这4个节点之间加边。基于此，最终选择节点4与种子节点3相连。

图6-3中，模块之间的实线表示在静态网络上加边的过程（即步骤Ⅰ和Ⅱ），虚线则表示在动态网络上加边的过程（即步骤Ⅰ、Ⅱ和Ⅲ）。这两个过程分别有两个相同点和不同点。相同点：（1）两者都需要对数据进行预处理，将社交关系数据构建为网络图。（2）都需要通过IMM++算法挖掘种子节点，并将种子节点作为信息源。不同点：（1）动态网络加边过程比静态网络加边过程多了一个步骤，即建立节点影响集。（2）在加边模块中，度量节点被加边的潜力值的方法不同。在静态网络加边过程中使用的是IMM++算法估计节点的潜力值，而在动态网络加边过程中则是使用影响集来衡量节点的潜力值。IMM++算法通过随机采样得到一定数量的反向可达集，然后将节点覆盖的反向可达集数量作为节点的潜力值。该方法具有随机性，无法有效地捕捉网络变化，因此不适用于动态网络。而影响集是根据路径建立的，可以根据路径变化相应地进行更新，更适用于动态网络。因此，在动态网络加边过程中是使用节点影响集的大小作为节点的潜力值。

图6-3给出了表明AP框架的基本结构。由于使用的是开源数据集，直接可以获取图结构形式的数据，因此，下面主要介绍其他模块的主要功能。

6.2.2.1 种子挖掘

基于第4章介绍到的IMM+方法，利用其可以减少生成的反向可达集间的重叠的特点，减少估计节点影响力的误差。这个生成反向可达集的方法如算法6-1所示。

算法6-1：Generating Reverse Reachable Set

```
Input：A graph G，and the maximum traversal depth max _ depth
Output：A reverse reachable set RRS
1 Initialize sets new _ nodes，RRS，RRSO，and temp；
2 Select a node u from G at random；
3 Insert node u into new _ nodes and RRS0；
4 Get a live-edge graph g from G by sampling edges；
5 depth =1；
6 while new _ nodes≠∅ do
7   for each v in new _ nodes do
8     for each (x，v) in g do
9       Insert node x into temp ；
10    end for
```

```
11    end for
12  RRS =RRS0 + temp ;
13    new _ nodes =RRS - RRS0 ;
14    RRS0 =RRS ;
15    depth++;
16    if depth>max _ depth then
17        break;
18     end if
19 end while
20 return RRS
```

在算法 6-1 中，算法输入的参数是一个社交图 G 和一个最大遍历深度 max _ depth，输出为一个反向可达集 RRS。第 1 行，先初始化新增节点集 new _ nodes、当前反向可达集 RRS、上一轮反向可达集 RRS0 和中转集合 temp。第 2~3 行，接着，从社交图 G 中随机选择一个节点 u，并把节点 u 添加到集合 new _ nodes 和集合 RRS0 中。第 4 行，与此同时，按社交图 G 中边的概率进行采样获得活边图 g。第 5~19 行，紧接着，令遍历深度 depth=1，开始生成反向可达集。第 7~11 行，将集合 new _ nodes 中的节点作为初始节点，搜寻它们的入度邻居节点，并把这些入度邻居节点添加到集合 temp 中。第 12~15 行，集合 RRS0 与集合 temp 做并集得到集合 RRS，再将集合 RRS 与集合 RRS0 做差集得到的元素赋给集合 new _ nodes，最后将集合 RRS 的元素赋给集合 RRS0。第 16~18 行，此时，一轮搜寻结束。如果此时遍历深度 depth 超过了最大遍历深度 max _depth，则搜寻终止。否则开始新的一轮搜寻，直到集合 new _ nodes 为空集，即没有新搜寻到的节点。第 20 行，输出最终生成的反向可达集 RRS。

算法 6-1 的时间复杂度计算过程如下：首先，在第 4 行中，获取活边图的时间复杂度为 $O(|E|)$；接着，第 6~11 行中，搜寻集合 new _ nodes 中节点的入度邻居节点的时间复杂度为 $O(|new\_nodes| \cdot |new\_nodes| \cdot |E(g)|)$，其中，$E(g)$ 表示活边图 g 的边集。此外，其他行的代码时间复杂度皆为 $O(1)$。因此，在最糟糕的情况下，算法 6-1 的总时间复杂度为 $O(|E|+|V| \cdot |V| \cdot |E|)$。

6.2.2.2　建立节点影响集

尽管通过算法 6-1 可以快速地生成反向可达集，用来估计节点的影响力，但是当网络发生变化时，由于算法具有随机性，它不能直接通过捕捉网络变化更新节点的影响力，而只能全部重新估计节点的影响力。为了解决这个问题，本书提出了基于路径为节点建立影响集的方法，这个方法仅仅更新网络发生变化的相关信息，并不需要更新整个网络。

首先，给节点建立初始影响集。具体做法为：在网络快照 G^0，为节点 $u \in G^0$ 搜寻所有从节点 u 出发且传播概率大于等于激活概率 ρ（$\rho \in (0, 1]$，例如在图 6-3 中，$\rho = 0.1$）的路径，并将这些路径保存在集合 Path_u^0 中，再保存集合 Path_u^0 中包含的节点到影响集 Inf_u^0（图 6-3 中，节点 v_1 的影响集为 $\text{Inf}_{v_1}^0 = \{v_2, v_3, v_7\}$）中。计算路径 path 的传播概率 ρ_{path} 的公式如下：

$$\rho_{\text{path}} = \prod_{(v_i, v_j) \in \text{path}} w(v_i, v_j) \tag{6-4}$$

其中，(v_i, v_j) 是路径 path 中的一条边；$w(v_i, v_j)$ 是边 (v_i, v_j) 的权重。在搜寻过程中，如果 ρ_{path} 已经小于激活概率 ρ，则退回上一节点并继续搜寻上一节点的其他入度邻居节点。例如，在图 6-3（c）中，搜寻过程如下：先从节点 v_1 开始，搜寻到节点 v_3 时，路径的传播概率 $\rho_{\text{path}} = 0.4 > \rho = 0.1$，从节点 v_3 继续搜寻，搜寻到节点 v_5 时，路径的传播概率 $\rho_{\text{path}} = 0.4 \times 0.1 = 0.04 < \rho$，退回到节点 v_3，然后搜寻到节点 v_7。按照这个搜寻规则，搜寻网络快照 G^0，完成所有节点影响集的建立。

接着，根据网络的变化，动态地更新节点影响集。主要思想为：在得到节点的初始影响集 Inf^0 之后，再通过对比前后两个网络快照的变化，并更新相应的节点影响集 $\text{Inf}^t (t = 1, \cdots, n-1)$。在动态更新过程中，仅更新那些路径发生改变的节点的影响集，而不需要更新所有节点的影响集，这样做可以节省大量的时间。详细过程如算法 6-2 所示。

算法 6-2：Establishing Influence Sets

```
Input: A graph snapshot set G = {G^0, ..., G^(n-1)}
Output: The influence sets of nodes Inf
1 Initialize sets Inf, new_nodes, and new_edges;
2 Get Inf^0 by searching G^0;
3 Insert Inf^0 into Inf;
4 for t=1; t<|G|; t++ do
5     new_nodes = G^t.nodes-G^(t-1).nodes;
6     new_edges = G^t.edges-G^(t-1).edges;
7     Inf^t ← update Inf^(t-1) by new_nodes and new_edges;
8     Insert Inf^t into Inf;
9 end for
10 return Inf;
```

算法 6-2 是为每一个节点建立影响集，并通过捕捉网络快照之间的变化动态的更新节点的影响集。算法输入的参数是一个网络快照集 $G = \{G^0, G^1, \cdots, G^{n-1}\}$，其中，$n$ 为网络快照的数量。第 1 行，初始化影响集 Inf，新增节点集 new _ nodes 和新增边集 new _ edges。第 2~3 行，在 $t=0$ 时，通过遍历网络快照 G^0 获得影响集 Inf^0，然后将影响集 Inf^0 添加到集合 Inf 中。第 4~9 行是迭代阶段，动态地更新节点的影响集。第 5~6 行，获取网络快照 G^t 和 G^{t-1} 之间的变化，得到集合 new _ nodes 和集合 new _ edges。第 7~8 行，根据集合 new _ nodes 和集合 new _ edges 更新影响集 Inf^{t-1} 得到影响集 Inf^t，并把影响集 Inf^t 添加到集合 Inf 中。反复执行第 5~8 行操作，直到所有的网络快照对应的节点影响集都更新完了。最后，第 10 行，输出影响集 Inf。

6.2.2.3　加边

在真实的社交网络中，往往存在着一些有一定影响力的潜力用户，因为与挖掘出的种子用户关系疏远，甚至没有交集，导致他们无法成为信息受众，致使信息传播效果不理想。为了解决这个问题，本模块提出了 LN 加边策略，它是基于前面模块得到的节点度量值，找出这些潜力用户，拉近他们与种子用户的关系，从而提升信息传播效果。考虑到成本问题，找到潜力用户时，根据他与种子用户们的距离（即路径长度），选择距离最短的种子用户与其建立关联如下：

$$B = R - A \tag{6-5}$$

$$a^* = \arg\min_{a \in A} \left|\mathrm{Path}_{a,\ b}\right| \tag{6-6}$$

其中，R 是根据节点度量值得到的节点排序集合；B 是待添边的潜力节点集；A 是种子节点集；$\mathrm{Path}_{a,\ b}$ 是节点 a 与节点 b 间的路径经过的节点集合，其中，$b \in B$，a^* 是与节点 b 距离最短的种子节点。因为种子节点 a^* 可能在不加边的情况下也能影响到节点 b，所以将激活概率 r 作为加边阈值，对加边过程加以限定。即如果 $\rho_{\mathrm{Path}_{a^*,\ b}} < \rho$，则种子节点 a^* 与节点 b 之间加边，否则重新选择潜力节点或种子节点，直到添加完 k 条边。具体加边过程如算法 6-3 所示。

在算法 6-3 中，第 1 行，从节点排名 rank 中去除种子节点，因为种子节点之间不需要加边。第 2 行，计算网络 G^* 最终的边数量 m。第 3~13 行，加边过程：第 3~4 行，从节点排名 rank 取出最具潜力节点 u。第 5~13 行，再挑选出与节点 u 距离最短的种子节点 v，如果节点 u 与种子节点 v 的路径传播概率大于等于激活概率 ρ，则选择下一组节点，否则连接节点 u 和 v，继续添加下一条边，直到添加完 k 条边。第 14、15 行，输出添加完 k 条边的网络图 G^*，算法结束。

算法 6-3：Adding Edges

Input：A graph G，a seed set A，a rank list of nodes rank，the number of adding edges k，and activation probability p

```
Output: A graph with edges G*
1 rank =rank -A;
2 m = | G.edges |+k;
3 for i=0; i< | rank |; i++ do
4     u=rank[i];
5     (u, v) ←min{v∈A | path_uv} ;
6     if path_uv>p then
7         continue ;
8     end if
9     Insert (u, v) into G.edges;
10    if | G.edges |==m then
11        break ;
12    end if
13 end for
14 G* =G;
15 return G*
```

6.2.3 实验分析

为了验证和分析本书所提的IMM++算法和LN加边策略的有效性，本节设计了多个实验（IMM++与IMM算法对比实验、LN加边策略分别在静态和动态网络上的对比实验）。采用传染病模型和独立级联模型作为信息传播模拟模型，参考SIR、IC模型工作的实验参数设置，在传染病模型中，感染率 λ 为0.1，恢复率为网络平均度的倒数，传播步长为网络直径；独立级联模型中，激活概率 ρ 为0.05。

6.2.3.1 IMM++与IMM算法对比

本实验主要根据与IMM算法在影响范围指标上的对比验证IMM++算法的有效性。选取了4个真实的开源网络数据集brightkite、douban、epinions和slashdot进行对比实验，其中，数据集brightkite是从基于位置的网络服务网站的开源API获取到的友谊网络，数据集douban来自用户推荐电影、音乐和书籍以及供用户评论的社交网站豆瓣，数据集epinions是从在线社交网站epinions上获取到的信任关系网，数据集slashdot是从在线社交平台slashdot上收集到的用户关系网络。数据集的基本信息见表6-1。

表6-1 数据集的基本信息

数据集	节点数	边数	平均度	聚类系数
brightkite	56739	212945	7.506	0.1733790

续表 6-1

数据集	节点数	边数	平均度	聚类系数
douban	154908	327162	4. 224	0. 0160572
epinions	26588	100120	7. 531	0. 1351640
slashdot	70068	358647	10. 237	0. 2274690

本实验的信息扩散模型为传染病模型和独立级联模型。基于这两种模型，本实验分别对比了在种子集大小 k 取值不同时，由 IMM 和 IMM++算法挑选出的种子节点的影响传播范围（即种子节点激活节点数量）。此外，IMM 算法是在时间复杂度为 $O((k+l)(n+m)\lg(n/\varepsilon^2))$ 时，有 $1-1/n^l$ 的概率能获得 $(1-1/e-\varepsilon)$ 的近似比保证。IMM++算法仅对 IMM 算法的采样过程进行了改进，仍然符合这一结论。因此，本实验对 IMM 和 IMM++算法的参数设置为 $\varepsilon=0.5$ 和 $l=1$。具体实验结果如图 6-4 和图 6-5 所示。

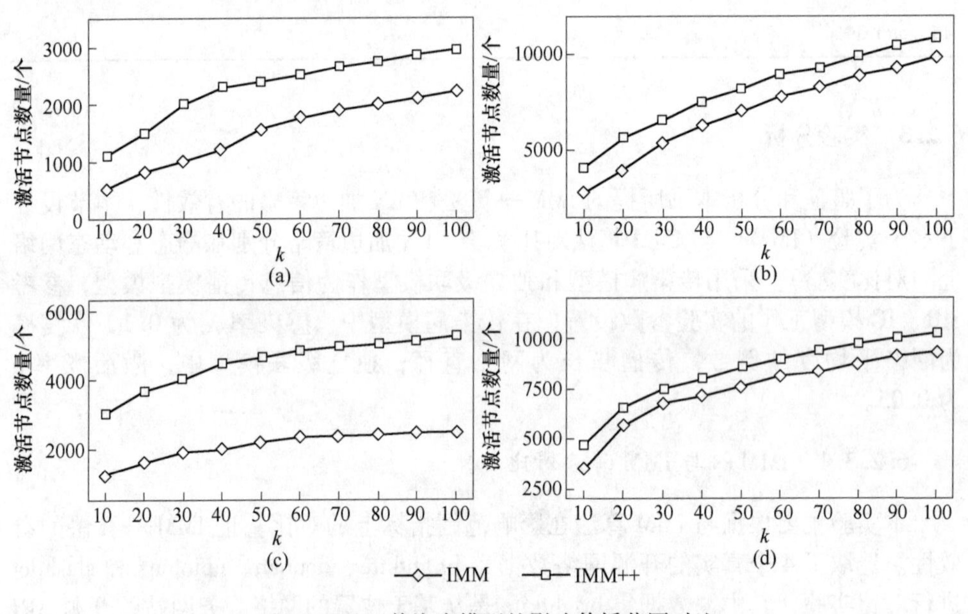

图 6-4　基于传染病模型的影响传播范围对比

（a）brightkite 数据集；（b）douban 数据集；（c）epinions 数据集；（d）slashdot 数据集

在图 6-4 和图 6-5 中，横坐标和纵坐标分别表示种子集大小和影响传播范围。图 6-4 和图 6-5 的总体结果表明，当将传染病模型和独立级联模型作为 IMM ++算法的信息传播模型时，它选择的种子节点的影响传播范围要比 IMM 算法的传播范围更广。也就是说，IMM ++算法比 IMM 算法更有效。从模型的角度来看，IMM++算法的优势在传染病模型中更为明显。其原因可能是传染病模型对扩散步长进行了限制，即在有限的扩散时间内感染最多的节点。然而，独立级联模型没有这样的限制，它是直到没有可激活的节点才停止信息扩散，这导致了在基于独立级联模型的影响传播范围对比实验中两种算法选拔出的种子节点最终的影响传播范围十分接近的结果。

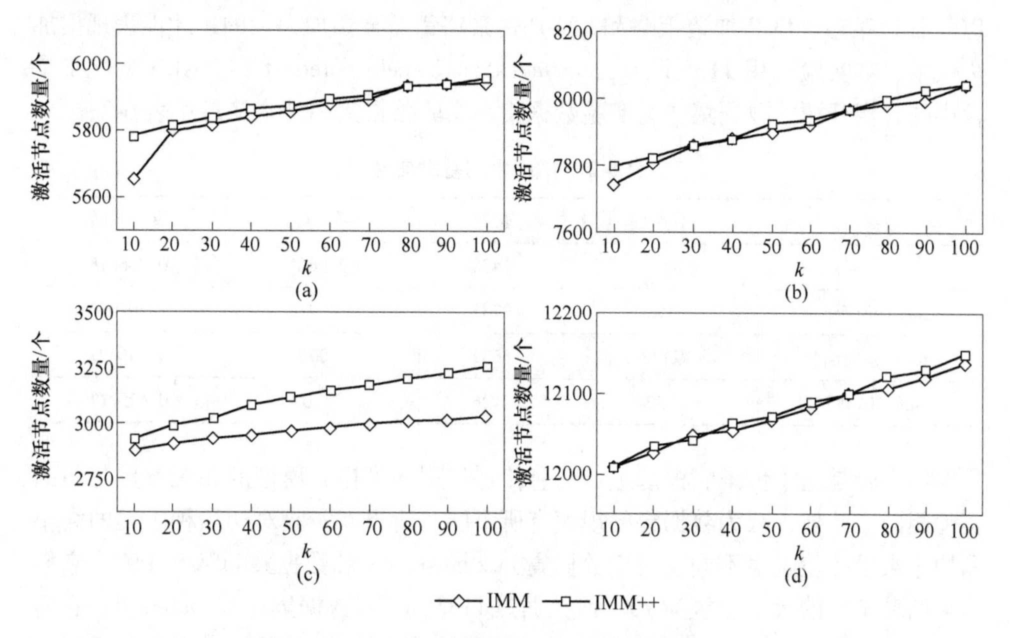

图 6-5 基于独立级联模型的影响传播范围对比

（a） brightkite 数据集；（b） douban 数据集；（c） epinions 数据集；（d） slashdot 数据集

本书不仅在反向可达集的采样过程中控制遍历深度，而且还在建立影响集的过程中控制路径长度。基于此，与独立级联模型相比，传染病模型显然更适合作为设计实验中的信息传播模型。因此，在之后的实验中，仅采用传染病模型作为信息扩散模型。

6.2.3.2 静态网络上加边策略的对比

为了突显出 LN 加边策略的优势，本实验将 LN 加边策略与其他静态网络上的加边策略对比加边效果（即网络通过加边后，初始种子节点的影响传播范围的增长量）。这些加边策略包括度中心性乘积（DCP，Degree Centrality Product）策略、特征向量中心性乘积（ECP，Eigenvector Centrality Product）策略和潜在连边影响力（LEI，Latent Edge Influence）策略。DCP 加边策略的主要思想是：每次都选择给网络中度中心性乘积最大的两个节点连边，且每次添加完一条边之后，都要重新计算网络中节点的度中心性。同理，ECP 加边策略的主要思想则是：每次都选择给网络中特征向量中心性乘积最大的两个节点连边，且每次添加完一条边之后，也要重新计算网络中节点的特征向量中心性。与 DCP 加边策略和 ECP 加边策略不同的是，LEI 加边策略是根据网络中两个节点的潜在连边影响力选定要被连边的节点。LEI 加边策略中两个节点的潜在连边影响力是基于传染病模型的边状态方程分析方法（SIRee，SIR-edge-equations）计算得来的。此外，由于 DCP 加边策略、ECP 加边策略和 LEI 加边策略都需要添加大量的边才能表现出加边效果，本实验采用 1138-bus、Jazz musicians、tech-routers-rf 和 inf-USAir97 4 个较小的真实开源的数据集作为实验数据集。实验数据集的基本信息见表 6-2。

表 6-2 数据集的基本信息

数据集	节点数	边数	平均度	聚类系数
1138-bus	1138	1458	2. 562	0. 086615
Jazz musicians	198	2742	27. 697	0. 297000
tech-routers-rf	2113	6632	6. 277	0. 246429
inf-USAir97	332	2126	12. 807	0. 625217

本实验是基于传染病模型进行信息传播过程的模拟，模型的相关参数与前面实验相同。此外，因为数据集的规模有所不同，所以本实验对初始种子集的大小和加边数量的设置也不同。对于数据集 Jazz musicians 和数据集 inf-USAir97，它们的初始种子集的大小设置为 10。而数据集 1138-bus 和数据集 tech-routers-rf，它们的初始种子集的大小设置为 30。在文献［102］中，加边数量被设置为数据集的节点数的一半，出于对时间的考虑，本实验将加边数量设置为节点数的 1/4，实验结果如图 6-6 所示。

在图 6-6 中，横坐标和纵坐标分别表示加边数量和加边后初始种子节点的影响传播范围。从图 6-6 中可以明显地看出 LN 加边策略对进一步扩大初始种子节点的影响传播范围的效果远超其他加边策略。这表明 LN 加边策略可以有效地解决静态网络加边问题。在图 6-6（b）和图 6-6（d）中，DCP 加边策略、ECP 加边策略和 LEI 加边策略的加边效果较差，与没有加边的效果差不多。原因可能是 Jazz musicians 数据集和 inf-USAir97 数据集平均度较大，相比其他两个数据集，它们对应的网络更加稠密。而且加边数量远小于网络已有边的数量，对整个网络来说优化效果不太明显。在图 6-6（a）和图 6-6（c）中，这几个加边策略的加边效果才稍微显现。本实验用于加边的预算 k 远小于文献［100］对 DCP、ECP、LEI 的参数设置，表明了提出的方法对加边效果更具敏感性。

6.2.3.3 动态网络上加边策略的对比

为了验证 LN 加边策略在动态网络上的有效性，本实验除了将 LN 加边策略

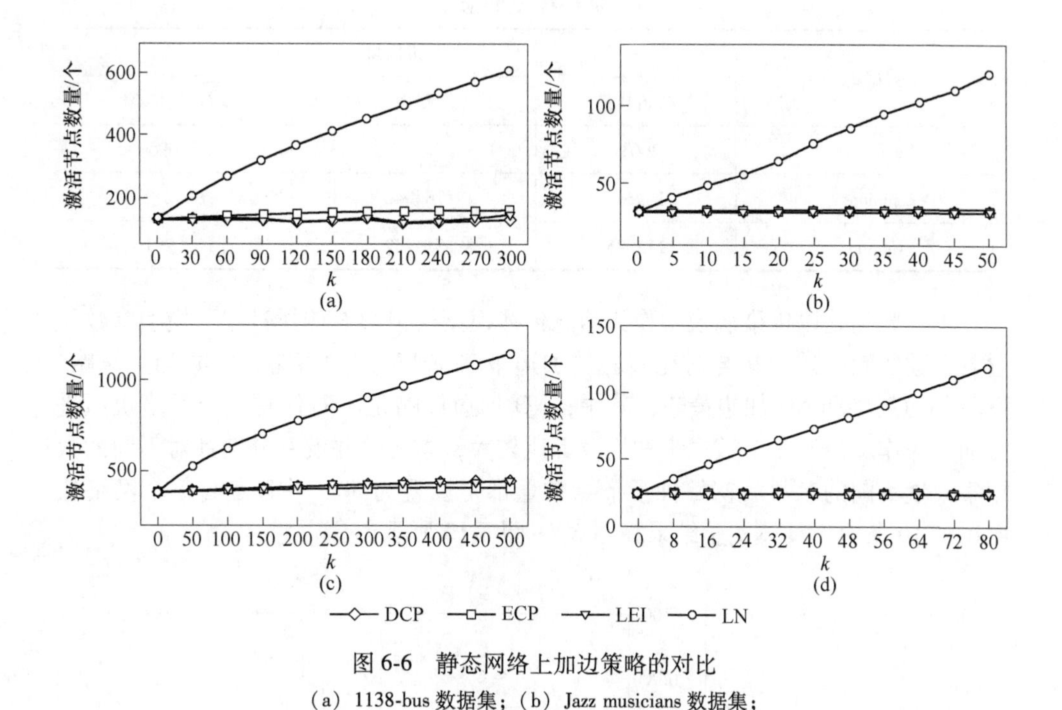

图 6-6 静态网络上加边策略的对比

(a) 1138-bus 数据集；(b) Jazz musicians 数据集；

(c) tech-routers-rh 数据集；(d) inf-USAir97 数据集

与其他加边策略进行影响传播范围和运行时间指标的对比之外，还与不加边的情况进行了对比，进一步证明研究动态加边问题是具有现实意义的。本实验采用 amazon、epinions 和 youtube 3 个真实开源的动态网络数据集作为实验数据集。按照数据集中的时间戳，本实验将每个数据集划分为 10 个网络快照。表 6-3 和表 6-4 分别描述了数据集的节点信息和边信息。从表的信息中可以看出，这 3 个动态网络都是增长型网络。并且数据集 epinions 和数据集 youtube 的增长比例远高于数据集 amazon。其中，初始节点数量和初始边数量是指第一个网络快照的节点数量和边数量，最终节点数量和最终边数量则是指最后一个（即第 10 个）网络快照的节点数量和边数量。

表 6-3 节点信息

数据集	节点信息		
	初始数量	最终数量	增长比例/%
amazon	39541	42500	7.483
epinions	31471	48728	54.835
youtube	147997	246225	66.372

表 6-4 边信息

数据集	边信息		
	初始数量	最终数量	增长比例/%
amazon	26631	28787	8. 096
epinions	149327	284046	90. 217
youtube	172385	314242	82. 291

本实验仍是以传染病模型作为信息传播模型模拟影响传播过程，模型参数设置与上述实验一致。参与对比实验的加边策略有 LN 加边策略、DCP 加边策略、ECP 加边策略和 NO 加边策略，其中，NO 加边策略是不对任意一个网络快照进行加边操作。由于 3 个数据集的规模都比较大，本实验并没有分别针对不同的数据集设置不同的参数。初始种子节点数量都是设置为 50，并且是给每个网络快照添加 10 条边。具体实验结果如图 6-7～图 6-10 所示。

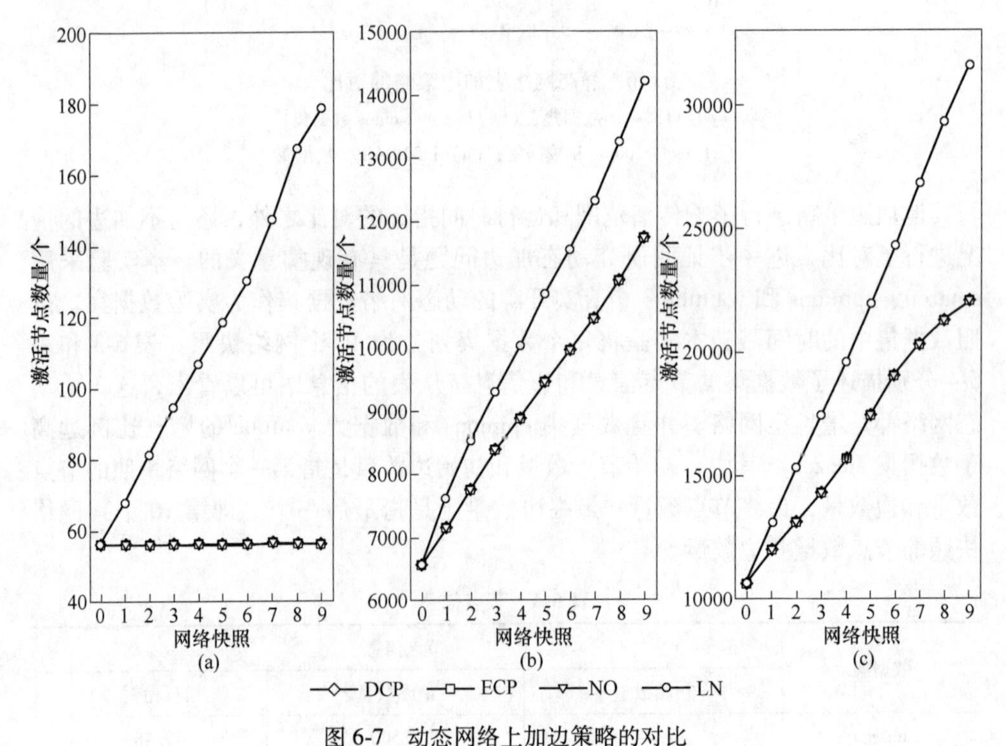

图 6-7 动态网络上加边策略的对比

(a) amazon 数据集；(b) epinions 数据集；(c) youtube 数据集

在图 6-7 中，横坐标和纵坐标分别表示网络快照和初始种子节点的影响传播范围。从图 6-7 可以明显看出，LN 加边策略的加边效果远超其他加边策略。DCP 加边策略和 ECP 加边策略的加边效果与不加边的效果差不多。这是因为加边预算 k 较少，且 DCP、ECP 选择加边的两端节点是种子或为种子可达范围的节点。这表明 LN 加边策略不仅可解决动态加边问题，而且还十分有效。由于加边数量远小于网络已有边数，DCP 加边策略和 ECP 加边策略的加边效果较差，这个结果与静态网络上的加边结果是一致的。在图 6-7（a）中，LN 加边策略的优势最为明显。这是因为当网络增长比例低且网络较为稀疏时，LN 加边策略仍然可以找出潜在的节点并为它和初始种子节点连边，从而优化网络结构。但是其他加边策略无法做到这一点。

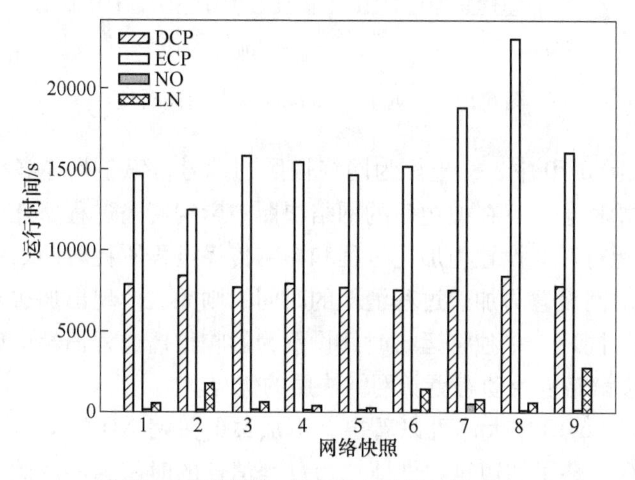

图 6-8 数据集 amazon 上运行时间对比

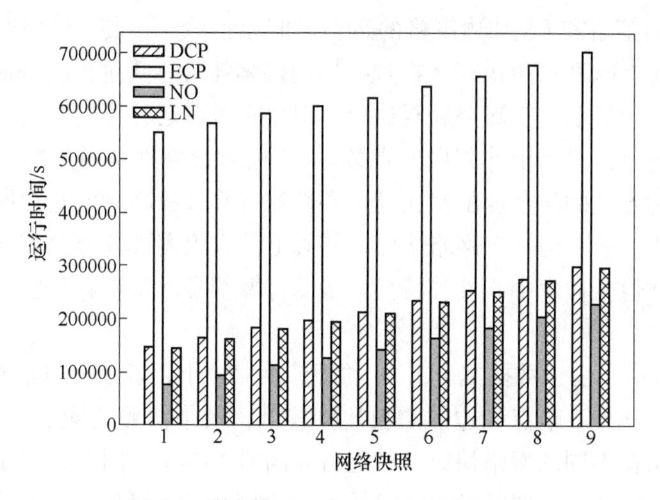

图 6-9 数据集 epinions 上运行时间对比

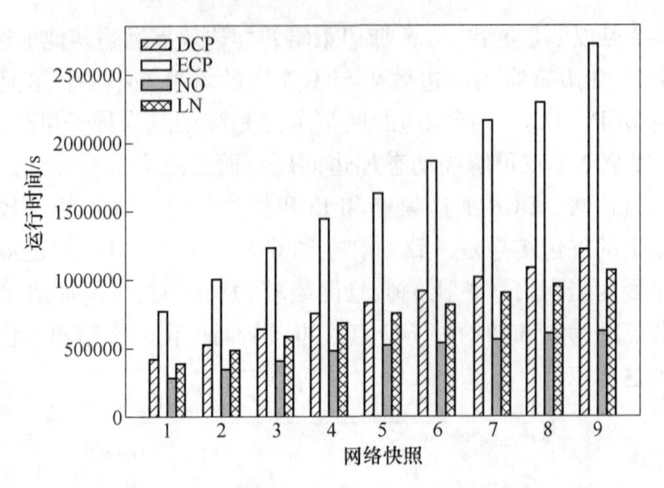

图 6-10　数据集 youtube 上运行时间对比

在图 6-8~图 6-10 中，横坐标为网络快照的编号，纵坐标是各个加边策略的加边过程和初始种子节点在加边后的网络快照中影响传播过程所耗时间之和。本实验之所以将运行时间设置为加边过程和影响传播过程所耗时间之和，是因为假设单独将运行时间设置为加边过程消耗的时间，则无法体现出加边对影响传播过程复杂性影响。同理，单独将运行时间设置为影响传播过程消耗的时间，则无法体现出 LN 加边策略以及动态更新网络快照的优势。

从图 6-8~图 6-10 中大体可以看出，不加边的策略 NO 的运行时间最短，这是因为策略 NO 省略了加边过程，即加边过程消耗的时间为零。此外，由于没有添加边，对应的网络快照结构的复杂度也没有加深。ECP 加边策略的运行时间最长，DCP 加边策略和 LN 加边策略的运行时间相差较小。与 DCP 加边策略和 LN 加边策略相比，ECP 加边策略是在选拔边的过程耗费时间过长。特征向量中心性的计算过程较为复杂，它需要反复迭代，得出相对稳定的值。而度中心性的计算过程则相对简单，只需统计邻居节点数。LN 加边策略则是通过路径计算节点的评估值，这种方式的复杂度虽然比度中心性的计算过程高，但它在网络动态更新的过程占据优势。在前一个网络快照的基础上，它仅需计算部分有变化的路径上的节点的评估值，而度中心性和特征向量的计算都是需要重新对整个网络进行计算的。

在图 6-8 中，由于数据集 amazon 的规模相对较小，各个加边策略的运行时间都相对较短。此外，节点和边的增长比例较低，网络快照之间变化不大，因此，各个加边策略在不同的网络快照上的运行时间差别很小。同时，由于网络动态变化小，需要动态更新的路径较少，导致 DCP 加边策略和 LN 加边策略的运行时间差别稍微大一些。在图 6-9 中，数据集 epinions 的规模较大，与图 6-8 相比，各个加边策略的运行时间有了明显的增长。且由于节点和边的增长比例较大（尤其是边的增长比例），加边策略在不同网络快照上的运行时间也出现了一定的差异。但是，因为数据集 epinions 的边增长比例较高，而 LN 加边策略主要是针对路径（包含边）的计算，花费在动态更新的时间较多，从而导致 DCP 加边策略与 LN 加边策略的运行时间相差不大。在图 6-10 中，与数据集 epinions 类似，数据集 youtube 的规模也很大，节点和边的增长比例都很高。与数据集 epinions 不同的是，数据集 youtube 中节点的增长比例不仅高，而且规模大，是数据集 epinions 的好几倍。特征向量中心性的计算涉及大量的邻接矩阵计算，节点数量多导致矩阵规模大，从而导致计算十分耗时，进一步影响到 ECP 加边策略的效率。因此，与图 6-9 相比，图 6-10 中的 ECP 加边策略的运行时间陡增。综合图 6-8~图 6-10 来看，LN 加边策略在 3 个数据集上的运行速度比 DCP 加边策略和 ECP 加边策略平均快 4.8 倍和 10.2 倍。从图 6-7~图 6-10 的整体表现中可以看出，LN 加边策略具有较高的效率，它在影响传播范围和运行时间指标上具有一定的优势，更适用于大规模的动态网络。

6.3 自适应策略

在识别出高影响力的用户（种子）后，一次性投放种子和分批投放产生的影响效果有什么区别？直观的感觉是分批投放比一次性投放效果好。可以在投完部分种子之后，通过观测哪些用户被影响到，哪些用户没有被影响到，再在未被影响到的用户集中选择高影响力用户作为种子。相对于一次性投放来说，分批投放体现出种子投放的自适应性，根据实际传播情况来投放种子，更能有的放矢，提升效果。Golovin and Krause 最早提出并研究自适应的影响最大化问题，其种子投放策略是一次投放一个，每一次投放是在已知之前投放种子影响范围的假设前提下，采用贪心方法选择种子。

在具体的研究中，人们给出了不同的假设前提。在传播模型方面，有的采用 IC，有的采用 LT。在种子投放后的反馈模型方面，有的采用完全吸收反馈，有的采用局部反馈。在种子分批投放方面，有些研究者限定每批投放的种子数为 1 个，即逐个投放。基于不同的假设前提，涌现出了一些研究成果。

6.3.1 相关术语

在给出相关研究成果之前，先介绍基本概念。

假设图 G 的信息传播对应一个实现（Realization）ϕ，那么种子集 S 能影响到的节点就是 ϕ 中 S 可达的节点。以图 6-2（a）为例，图 6-11 所示为 G 的两种可能的实现 ϕ_1、ϕ_2。给定种子预算数量 k 和投放批次 r，那么每批投放的种子数为 $b = k/r$。在每批次投放种子后，可以观测社交网络图 G 的部分实现

(Partial Realization) φ。图 6-2（b）为投放种子 v_1 后的 G 的部分实现。令 π 表示在当前 φ 下的自适应种子选择策略，$\pi(\omega)$ 表示从所有可能的确定的种子投放策略中随机选择一种，$\pi(\omega,\ \varphi)$ 表示在当前 φ 根据种子选择策略 $\pi(\omega)$ 挑选出来的种子，其中，ω 为随机变量，表示为所有的随机策略。

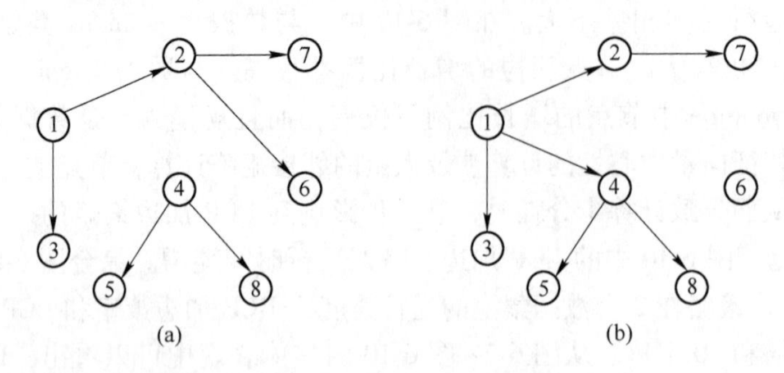

图 6-11　种子一次性激活和分批激活的对比

（a）实现 ϕ_1；（b）实现 ϕ_2

无论自适应还是非自适应投放种子，在选择种子时都可以采用贪心算法。算法 6-4 和算法 6-5 分别为非自适应贪心算法和自适应贪心算法。

算法 6-4：Greedy Algorithm	算法 6-5：Adaptive Greedy Algorithm

S=∅
while |S|<k do
　u=argmax$_{u\in V\setminus S}\Delta_f(u\mid S)$
　S=S∪{u}
end while
return S
	S=∅，ψ=∅
	while |S|<k do
	　u=argmax$_{u\in V\setminus S}\Delta_f(u\mid S)$
	select u as seed and observe φ(u)
	S=S∪{u}，ψ=ψ∪{(u，φ(u))}
	end while

下面给出几个相关定义。

定义 6-3　自适应影响最大化（Adaptive Influence Maximization）。给定有向图 $G=(V;\ E;\ p)$ 和预算 k、传播模型，找到自适应策略 π'，使得 k 个高影响力个体组成的种子集的影响收益最大化，形式化表述如下：

$$\pi' = \arg\max_{\pi\in\prod(k),\ |\pi|=k}\sigma(\pi) \tag{6-7}$$

其中，$\sigma(\cdot)$ 为信息传播影响到的节点个数；$\prod(k)$ 表示种子选择策略集。自适应策略（Policy）为部分实现到节点的映射函数。给定部分实现 φ，$\pi(\varphi)$ 表示在 φ 上选择的下一批种子。

定义 6-4　影响最大化自适应差距（Adaptivity Gap for IM）。给定信息传播模型、预算 k，称最优自适应策略与最优非自适应策略的影响范围比的最小上界

（Supremum）为影响最大化自适应差距。

$$\mathrm{AG}(G,k):=\sup_{G,\ k}\frac{\mathrm{OPT}_A(G,\ k)}{\mathrm{OPT}_N(G,\ k)}=\frac{\max_{\pi\in\Pi}\sigma(\pi,\ k)}{\max_{S\subseteq V,\ |S|\leqslant k}\sigma(S)} \tag{6-8}$$

定义 6-5 完全吸收反馈（Full-adoption Feedback）。当选择种子并投放（激活）后，投放种子在整个图扩散后的图实例（即哪些点被激活已经明确）称为完全吸收反馈。

定义 6-6 局部反馈（Myopic Feedback）。当选择种子并投放（激活）后，投放种子的哪些直接邻居（Immediate Neighbors）被激活称为局部反馈。

6.3.2 自适应与非自适应之间的关系

在自适应影响最大化研究方面，学者们基于不同的假设前提，给出了自适应贪心、自适应最优、非自适应贪心、非自适应最优、每一批次的种子选择等情况下的影响范围之间的关系。表 6-5 从信息传播模型、反馈模型、种子投放方式等角度列出了一些研究成果的特点。

表 6-5 研究工作

研究	信息传播模型	反馈模型	种子投放方式
文献［93］	IC	myopic	$b=1$（每次投放种子的规模），即按顺序逐个投放（sequentially selected one by one）
文献［94］	IC，LT	full-adoption、myopic	$b=1$
文献［95］	IC	full-adoption	$b=1$
文献［96］	IC	full adoption	$b=1$
文献［97］	没有限定	没有限定	没有限定
文献［98］	IC	full adoption	$b=1$

下面介绍已有研究成果的结论。需要说明的是，本节不等式中的 e 为自然对数。

6.3.2.1 文献［93］

（1）最优自适应策略与最优非自适应策略的影响范围比。

$$\frac{e}{e-1}\leqslant \mathrm{AG}(G,\ k)\leqslant 4 \tag{6-9}$$

（2）最优自适应策略与自适应贪心下的影响范围之间的关系。

$$\frac{1}{4}\left(1-\frac{1}{e}\right)\sigma(\pi_{\mathrm{OA},k})\leqslant\sigma(\pi_{\mathrm{GA},k})\leqslant\frac{e^2+1}{(e+1)^2}\sigma(\pi_{\mathrm{OA},k}) \tag{6-10}$$

其中，$\sigma(\pi_{\mathrm{OA},k})$ 为最优自适应策略下的影响范围；$\sigma(\pi_{\mathrm{GA},k})$ 为自适应贪心的影响

范围。

6.3.2.2　文献［94］

（1）自适应贪心与非自适应贪心的影响范围比的最大下界（Infimum）。

$$\inf \frac{\sigma(\pi^g,\ k)}{\sigma(S^g(k))} = 1 - \frac{1}{e} \tag{6-11}$$

其中，$\sigma(\pi^g,\ k)$ 为自适应贪心下 k 个种子的影响范围；$\sigma(S^g(k))$ 为非自适应贪心下 k 个种子的影响范围。

（2）自适应贪心和非自适应最优两种情况下的 k 个种子影响范围之间的关系。

$$\sigma(\pi^g,\ k) \geqslant \left(1 - \frac{1}{e}\right) \mathrm{OPT}_N(G,\ k) \tag{6-12}$$

（3）存在一个信息传播模型和 k，使得

$$\frac{\sigma(\pi^g,\ k)}{\sigma(S^g(k))} = 2^{\Omega(\log_e \log_e |V| / \log_e \log_e \log_e |V|)} \tag{6-13}$$

6.3.2.3　文献［95］

（1）In-arborescences（In-arborescences 是由有向根树构造出来的图 $G=(V,E)$，信息是从叶子节点往根扩散）。

$$\mathrm{AG}(G,\ k) \leqslant \frac{2}{1-(1-2/k)^k} \leqslant \frac{2e^2}{e^2-1} \approx 2.31 \qquad \forall k \geqslant 2 \tag{6-14}$$

（2）General Influence Graphs。

1)
$$\mathrm{AG}(G,\ k) \leqslant k \tag{6-15}$$

2)
$$\mathrm{AG}(G) \leqslant \lceil n^{\frac{1}{3}} \rceil \tag{6-16}$$

（3）α-bounded graphs。

$$\begin{aligned}\mathrm{AG}(G,\ k) &\leqslant \min\left\{k,\ \frac{\alpha}{k} + 2 + \frac{1}{1-(1-1/k)^k}\right\} \\ &\leqslant \frac{\sqrt{4\,(e-1)^2\alpha + (3e-2)^2} + 3e - 2}{2(e-1)} \quad \forall k \geqslant 2\end{aligned} \tag{6-17}$$

6.3.2.4　文献［96］

与其他研究不同的是，Wei Chen 在投放种子后的反馈模型中，构造泊松过程（Poisson Process）将信息扩散和多线性扩展（Multilinear Extension）关联，解决反馈相互独立的缺陷。

（1）In-arborescences。

$$\frac{e}{e-1} \leqslant AG(G, k) \leqslant \frac{2e}{e-1} \qquad \forall k \geqslant 2 \tag{6-18}$$

（2）Out-arborescences（Out-arborescences 是由有向根树构造出来的图 $G=(V, E)$，信息是从根往叶子扩散）。

$$\frac{e}{e-1} \leqslant AG(G, k) \leqslant 2 \tag{6-19}$$

（3）单向二部图（One-Directional Bipartite Graphs）。

$$AG(G, k) = \frac{e}{e-1} \tag{6-20}$$

6.3.2.5 文献［97］

（1）假设 f 具有自适应单调性和自适应子模性，在每一批投放中，令 π^{ag} 为在第 i 次选择种子后获得 α_i 近似比的种子贪心选择策略，对于所有的策略 π 来说，策略 π^{ag} 可以获得 $1-e^{-\alpha}$ 期望近似比收益。

$$E_\omega[\sigma_{avg}(\pi^{ag}(\omega))] \geqslant (1-e^{-\alpha})E_\omega[\sigma_{avg}(\pi(\omega))] \tag{6-21}$$

其中，$\alpha = \frac{1}{r_1}\sum_{i=1}^{r_1}\alpha_i$； r_1 为选择的种子数量。

（2）假如自适应贪心算法在第 i 批种子选择后获得期望最优近似比 $\rho_b(1-\varepsilon_i)$，那么 r 次选择种子后可以获得期望 $1-e^{\rho_b(\varepsilon-1)}$ 的最优近似保证。其中：$\varepsilon = \frac{1}{r}\sum_{i=1}^{r}\varepsilon_i$，$\rho_b = 1-(1-1/b)^b$，$r$ 为总共的批次数。

（3）自适应贪心算法在 r 次选择种子后获得最坏情况的近似保证 $1-e^{\rho_b(\varepsilon'-1)}$ 的概率至少为 $1-\delta$。其中，$\varepsilon' = \frac{1}{r}\sum_{i=1}^{r}\varepsilon_i + \sqrt{1/(2r)\cdot\ln(1/\delta)}$。

6.3.2.6 文献［98］

（1）贪心自适应与最优自适应情况下的 k 个种子影响范围之间的关系。

$$\sigma(\pi_{GA,k}) \geqslant (1-e^{-1/\beta\gamma})\sigma(\pi_{OA,k}) \tag{6-22}$$

（2）贪心非自适应与最优自适应情况下的 k 个种子影响范围之间的关系。

$$\sigma(\pi_{GNA,k}) \geqslant \left(1-\frac{1}{e}-\varepsilon\right)^2\sigma(\pi_{OA,k}) \tag{6-23}$$

其中，$\pi_{GNA,k}$ 为贪心非自适应策略；$\pi_{GA,k}$ 为贪心自适应策略；$\pi_{OA,k}$ 为最优自适应策略；$\gamma = \left(\frac{e}{e-1}\right)^2$；$\beta$ 为计算边际收益的乘积误差。

6.4　本章小结

本章介绍了两种进一步发挥影响力的策略和方法，一种是加边，另一种是高影响力的种子分批投放。第一种策略是在种子已经确定的前提下执行的，第二种策略是在前一轮种子投放后的节点激活情况下动态选择种子。

要解决动态网络加边问题，不仅需要从第一个网络快照中挑选出最优种子集作为信息源，还需要动态地更新后续网络快照中节点的度量值。所以，动态网络加边问题比影响最大化问题和静态网络加边问题都要难解决。本章给出的 AP 框架，通过在动态网络中加边来加快信息传播，并在不同的数据集上进行了实验。实验结果证明了本章所提方法具有较好的适用性。

围绕自适应影响最大化，研究者给出了不同信息传播模型、反馈模型等假设前提下自适应贪心策略、非自适应贪心策略、自适应最优策略、非自适应最优策略等情况下的影响传播范围比的上下界，可以为分批投放种子提供指导作用。

通过加边和分批投放种子的工作探索了扩大信息传播范围的可行性，这将帮助研究人员更加关注扩大用户的影响力问题，并探索出更多的可能性。

7 影响力计算在生物信息中的应用

7.1 引言

在生命科学研究中，人们利用计算机技术存储、分析生物信息。生物信息是反映生物运动状态和方式的信息。随着人类基因组计划的逐步完成，蛋白质组学已成为生命科学研究的重要内容之一。在生命体活动中，关键蛋白质扮演了重要的角色，与生物体的生存和繁殖密切相关，同时，已有研究证明，在人体细胞中，关键蛋白质往往也是致病基因，可能是疾病的“元凶”，关键蛋白质的识别对于致病基因的发现及药物标靶的鉴定具有重要意义，在疾病诊治和药物设计等方面具有重要的应用价值。因此，发现疾病的关键蛋白更具意义。

随着高通量测序等技术的发展，蛋白-蛋白交互网络数据库记录了大量的蛋白相互作用信息，为人们在蛋白质交互网络层次上研究蛋白质功能提供了数据基础。于是，一些根据图论知识和蛋白质生物属性的关键蛋白质识别方法相继被提出。相比于化学实验，在蛋白质交互网络中运用计算方法挖掘关键蛋白质的成本较低。关键蛋白质的识别和前面章节介绍的问题类似，因此，社交网络的节点影响力计算方法可以被借鉴到蛋白质交互网络。文献［108-109］构建了运动神经系统疾病的 PPI 网络，在此基础上依据“中心-致死性”法则，采用网络拓扑特性的各种中心性来揭示运动神经系统疾病的 PPI 网络中的关键蛋白，为诊断运动神经系统疾病开拓了一个视角。文献［113-116］建立了阿尔茨海默病（Alzheimer's Disease）的 PPI 网络，接着使用网络拓扑特性的各种中心性预测 AD 疾病的关键蛋白，并进行了 GO 与 Pathway 分析，从生物分子角度进一步揭示 AD 疾病的病因。

现有的关键蛋白质预测方法依据 PPI 网络的不同可以分为基于静态和动态 PPI 网络的关键蛋白质识别。基于静态 PPI 网络的预测方法主要有度中心性（DC，Degree Centrality）、介数中心性（BC，Belweenness Centrality）、接近度中心性（CC，Closeness Centrality）、子图中心性（SC，Subgragh Centrality）、特征向量中心性（EC，Eigenvector Centrality）、信息中心性（IC，Information Centrality）、局部平均联通性（LAC，Local Average Connectivity）和邻居中心性（NC，Neighbor Centrality）等基于拓扑特征的预测方法及融合生物信息的关键蛋白质预测方法，如 PeC、DwC、UDoNC 等。同时，2016 年，崔鑫等人在已有的

CPPK 模型中引入 LDA 模型预测关键蛋白质。同年，杨莉萍等人结合边聚集系数和随机游走模型进行关键蛋白质识别。2015 年，Xiao 等人依据时间序列模型构建动态 PPI 网络，并将 6 种现有的关键蛋白质预测方法应用于动态 PPI 网络。与基于静态 PPI 网络的预测方法相比，该方法考虑了 PPI 网络的动态特性对预测结果的影响。

基于此背景，本书给出一种基于动态加权的蛋白质交互网络关键蛋白质识别方法。

7.2　蛋白质交互网络

作为生物信息的载体，基因存储着生命的种族、血液等信息，经过 DNA 复制、DNA 翻译成 RNA 和蛋白质翻译等过程得到的蛋白质携带了这些生物信息。存在生物体内细胞系统的蛋白质很少是独自完成某项生命活动，而是在特定的空间和时间通过相互作用协助完成的。蛋白质相互作用在绝大部分生化功能扮演了重要的角色，几乎所有的生物过程都是通过一组蛋白质的交互作用完成。例如，在信息传递中，通过蛋白质之间的交互作用，信号可由细胞外部进入细胞内部。

一个生物体内所有蛋白质之间交互形成的网络称为蛋白质交互（Protein-protein Interaction，PPI）网络。PPI 是生命科学领域中的复杂网络之一。在 PPI 网络中，蛋白质被视为网络图的节点，蛋白质之间的交互关系被视为节点之间的边。PPI 网络的定义描述如下。

定义 7-1　PPI 网络 $G=(V, E)$，其中，V 为蛋白质集，表示 PIN（Protein-protein Interaction Network）中所有蛋白质顶点组成的集合，E 表示 PIN 中所有蛋白质交互作用集。

由于蛋白质交互的动态性、不完全性和噪声等问题，人们提出利用基因表达数据等生物属性信息，降低实验的假阳性和假阴性，从而提高交互关系的准确性刻画。蛋白质交互的构建是基于荧光计等实验检测出来的，与检测时间相关，蛋白质之间的交互具有瞬间动态性。为了刻画时间的动态性，学者们提出了不同的方法，其思路基本是一致的，那就是活性阈值选择的不同。在这里，本节简要介绍时序蛋白质网络构建方法（Time Course-PINs）。该方法是由 Tang 等人于 2011 年提出的，其主要思想是以静态蛋白质交互网络为基础，结合基因表达矩阵来判断蛋白质的活性状态，通过活性状态来识别生物意义特征不明显的蛋白质，从而构建动态蛋白质交互网络。其过程分为：

（1）过滤基因表达谱，给每个时刻点设置基因表达阈值，通过阈值过滤掉低表达的蛋白质。

（2）以某个时刻为准，将在静态蛋白质交互网络同时出现的蛋白质保留下来，以此类推，构建动态蛋白质交互网络。

7.3 基于动态加权 PPI 网络的关键蛋白质预测

动态 PPI 网络可通过蛋白质的共表达特性构建。蛋白质的共表达是指两个蛋白质之间存在相互作用，且在同一时刻都属于活性蛋白质。表达水平超过阈值的蛋白质被认为是活性蛋白质。为进一步降低假阳性和假阴性的影响，本节介绍的方法结合 PPI 网络和蛋白质基因表达数据，构建动态 PPI 网络，然后引入 GO 术语对网络加权，并在此基础上识别关键蛋白质。具体流程如图 7-1 所示。

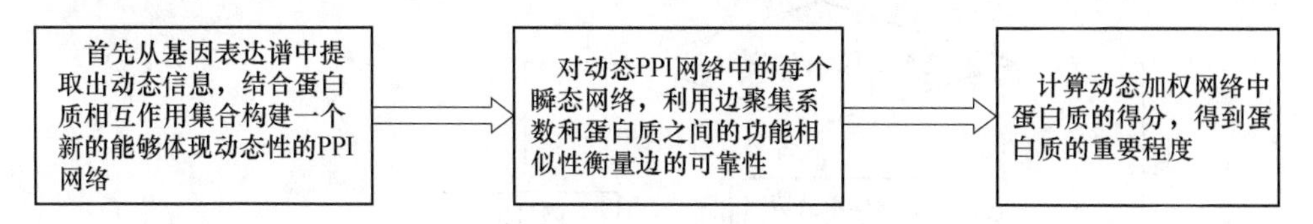

图 7-1 结合动态性预测 PPI 网络中的关键顶点具体流程

7.3.1 动态 PPI 网络构建

每个基因具有不同的功能，表达形式各异，因此蛋白质的激活状态不能采用统一的阈值判断。本方法采用蛋白质的平均表达水平作为各自的阈值，即当蛋白质在某一时刻的表达值高于其平均表达水平时，可以认为蛋白质处于活性状态。

基因表达文件包含了各个蛋白质 3 个代谢周期（共 36 个时刻）的表达水平值。每个蛋白质的平均表达水平可表示为

$$\overline{T}_v = \frac{\sum_{i=1}^{36} t_v(i)}{36} \tag{7-1}$$

其中，$t_v(i)$ 表示蛋白质 v 在 i 时刻的表达值；$\overline{T}_v$ 表示蛋白质 v 的平均表达值。

计算出各个蛋白质的平均表达水平后，依据基因表达谱判断各个蛋白质在每个时刻的活性状态，以确定各时刻 PPI 网络中的相互作用是否存在。对于静态 PPI 网络中的相互作用 $e(v,\ u)$ ，如果 u，v 在 i 时刻同时处于活性状态，那么 u，v 之间在 i 时刻存在交互作用。可表示为

$$e_i(v,\ u) = \begin{cases} 1 & t_v(i) > \overline{T}_v,\ t_u(i) > \overline{T}_u \\ 0 & \text{否则} \end{cases} \tag{7-2}$$

其中，$e_i(v,\ u) = 1$ 表示相互作用 $e(v,\ u)$ 在 i 时刻存在。反之，则不存在。

上述方法构建得到的动态 PPI 网络包含 36 个不同的瞬态子网，每个瞬态子网都包含不同的活性蛋白质和它们之间的交互作用。整个流程构建过程如图 7-2

所示。图 7-2 中的 $\overline{E}(A)$ 、$E_t(A)$ 分别为 A 的平均表达水平和在时刻 t 的表达水平，其中，A 表示蛋白质。

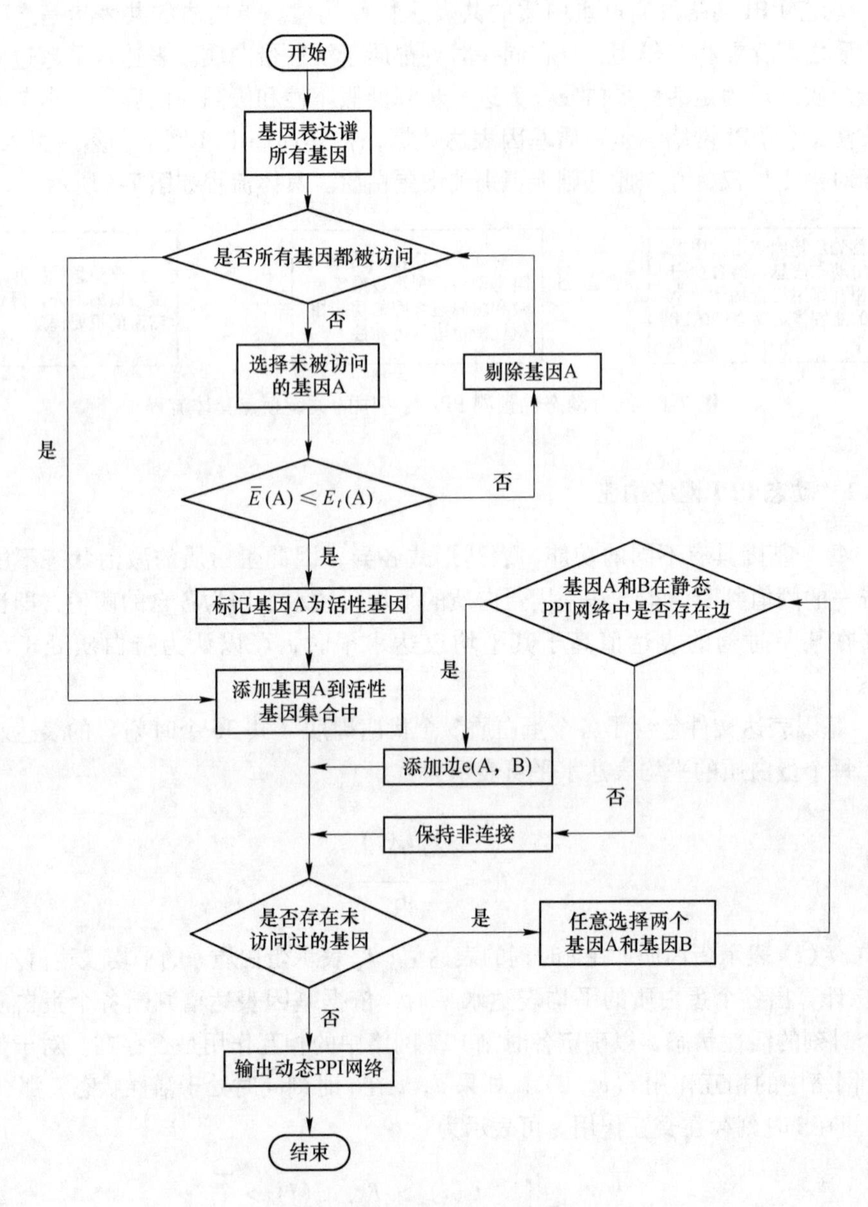

图 7-2　动态网络构建流程

动态 PPI 网络可形式化定义如下：

定义 7-2　动态 PPI 网络 DG = $\{G_1, G_2, \cdots, G_i, \cdots, G_l\}$，$l$ 表示时刻数，$G_i = \{V_i, E_i\}$ 是 i 时刻的 PPI 网络，$V_i = \{v_{i1}, v_{i2}, \cdots, v_{in}\}$ 表示 i 时刻所有处于

活性状态的蛋白质作为组成元素的集合，$E_i = \{e_{i1}, e_{i2}, \cdots, e_{im}\}$ 表示 i 时刻 V_i 中元素之间存在的边构成的集合，$m = |E_i|$。

以图 7-3 所示为例说明动态网络的构建过程。静态 PPI 网络中 A、B 之间存在相互作用，且在 1、3、4 三个时刻同时处于激活状态。那么 A、B 之间的相互作用仅在 1、3、4 三个时刻出现。静态 PPI 网络中 E、C 之间存在相互作用，但在任一时刻，E、C 的活性状态都不相同。因此，在任一时刻，E、C 之间的相互作用都不存在。尽管 F、D 在时刻 7 同时处于活性状态，然而在静态 PPI 网络中，它们之间不存在相互作用，因此，F、D 之间在该时刻不存在相互作用。

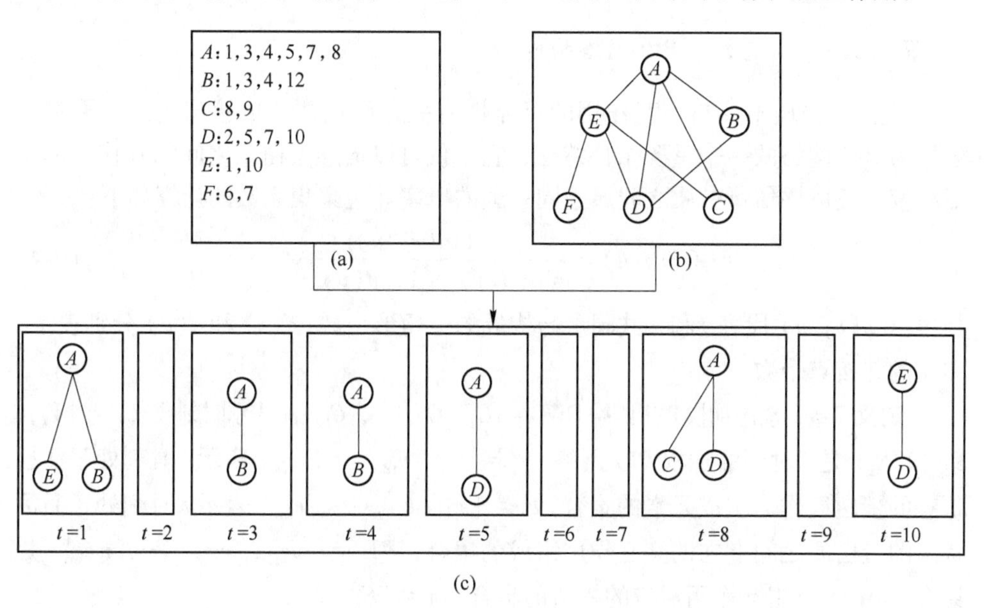

图 7-3 动态网络构建示例

(a) 激活时间点；(b) 静态 PPI 网络；(c) 动态 PPI 网络

7.3.2 动态 PPI 网络加权

7.3.2.1 GO 相似性

基于对关键蛋白质的分析发现，关键蛋白质倾向于成簇出现，且蛋白质的关键性与相互作用的可靠程度之间关系密切。本节同时考虑蛋白质拓扑特征和生物特征，采用 GO 语义相似性和边聚集系数衡量相互作用的可靠程度。相互作用的可靠程度可通过蛋白质之间的功能相似性评价。两个蛋白质之间的功能相似性越高，其相互作用越可靠。GO 术语是对基因的功能进行注释的结构化自然语言。研究证实，两个蛋白质之间的共有 GO 术语越多，它们的生物功能越相似。因此，蛋白质间相互作用的可靠性可通过它们在 GO 术语上的功能相似性进行评价。

令 GO(v) 表示注解蛋白质 v 功能的术语组成的集合，GO _ sim 表示两个蛋白质的 GO 语义近似度。那么蛋白质 v 和 u 之间的功能相近程度公式为

$$\mathrm{GO\_sim}(v, u) = \frac{|\mathrm{GO}(v) \cap \mathrm{GO}(u)|}{|\mathrm{GO}(v) \cup \mathrm{GO}(u)|} \tag{7-3}$$

其中，$\mathrm{GO}(v) \cap \mathrm{GO}(u)$ 表示 v 和 u 的共同 GO 术语集合；$\mathrm{GO}(v) \cup \mathrm{GO}(u)$ 表示存在于 v 或 u 的 GO 术语集合。

7.3.2.2　动态加权 PPI 网络构建

关键蛋白质不仅与交互作用的可靠性有关，而且往往成簇出现。边聚集系数作为 PPI 网络的一个重要拓扑特征，它不仅可以描述蛋白质之间相互作用的重要程度，还可评估蛋白质之间属于同一簇的概率。边聚集系数的计算如下：

$$\mathrm{ECC}(v, u) = \frac{\tan(v, u)}{\min(d(v) - 1, d(u) - 1)} \tag{7-4}$$

其中，$\tan(v, u)$ 代表 v 和 u 共同参与构成的三角形个数；$d(v)$ 和 $d(u)$ 分别表示 v 和 u 的邻接点个数。

定义 7-3　动态加权 PPI 网络 DWG= $\{G_1, G_2, \cdots, G_l\}$，$l$ 表示时刻数，$G_i = \{V_i, E_i, \mathrm{WE}_i\}$ 是 i 时刻的加权 PPI 网络，$V_i = \{v_{i1}, v_{i2}, \cdots, v_{in}\}$ 表示 i 时刻处于活性状态的蛋白质作为组成元素的集合，$E_i = \{e_{i1}, e_{i2}, \cdots, e_{im}\}$ 表示 i 时刻处于激活状态的蛋白质之间存在的交互作用组成的集合，$\mathrm{WE}_i = \{we_{i1}, we_{i2}, \cdots, we_{im}\}$ 是集合 E_i 中各个相互作用对应的权值的集合，$m = |E_i|$。

动态 PPI 网络由多个瞬态子网组成，瞬态子网的边的权重计算如下：

$$\mathrm{WE}(v, u) = \mathrm{GO\_sim}(v, u) + \mathrm{ECC}(v, u) \tag{7-5}$$

动态加权 PPI 网络构建的过程是首先对蛋白质进行 GO 术语注释，得到注释集 protein _ GO _ set，在此基础上计算具有相互作用边的一对蛋白质的功能相似度，最后综合考虑蛋白质的 GO 语义信息和边聚集系数，构建动态加权网络整个流程如图 7-4 所示。

7.3.3　关键蛋白质识别

关键性可根据顶点在 7.3.2 节构建的动态加权 PPI 网络中的评分判定。由于瞬态子网中的活性蛋白质都各不相同，所以在计算关键性的评分时会将其在动态加权 PPI 网络中出现的次数考虑在内。关键性的评分为各个瞬态网络中蛋白质与其邻居节点之间权值之和与在动态网络中的频次之比。其计算为

$$\mathrm{DWE}(v) = \frac{\sum_{i=1}^{36} \sum_{u \in N_i(v)} \mathrm{WE}_i(v,\ u)}{\mathrm{fre}(v)} \tag{7-6}$$

其中，$N_i(v)$ 表示在 i 时刻对应的瞬态子网中节点 v 的邻接点集合；$\mathrm{WE}_i(v,\ u)$ 表示在 i 时刻对应的瞬态子网边 $e(v,\ u)$ 对应的权值；$\mathrm{fre}(v)$ 表示节点 v 在动态加权PPI网络中出现的次数，其范围为［1，36］。对于未在动态加权网络出现的蛋白质，将其DWE值设为0。

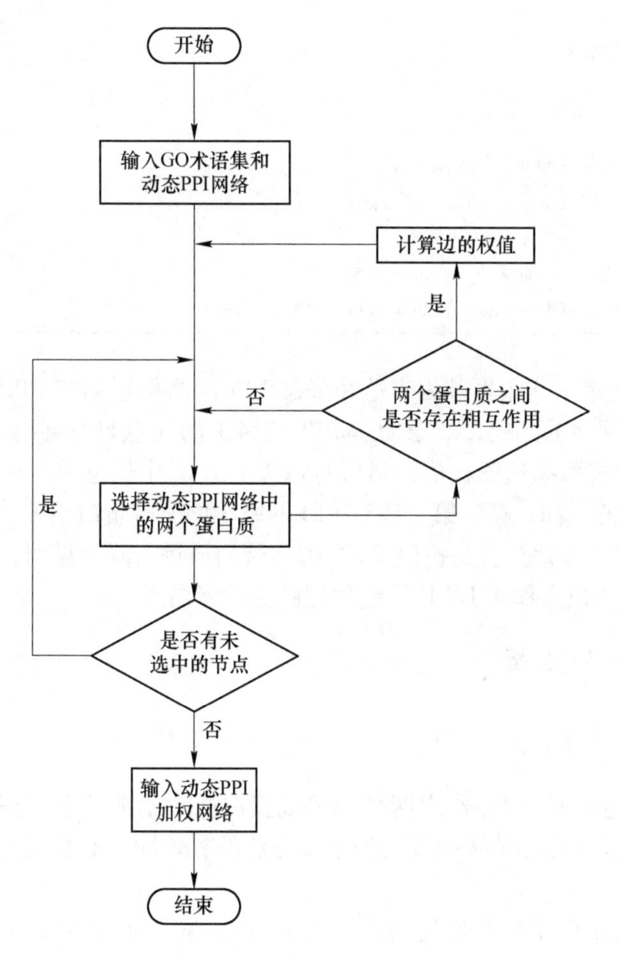

图7-4 构建动态加权网络

对PIN中的所有顶点，按照DWE值从大到小进行排序。DWE值越高的蛋白质，排名越靠前，越可能是关键蛋白质。将排序后的前 K 个顶点输出作为可能具有关键性的候选集合。DWE方法的伪代码描述如算法7-1所示。

算法 7-1：DWE

```
Input：G：static PPI network，GED：gene expression data，GOA：GO annotation，K：number of key proteins
Output：the top K ranked proteins by DWE value in descent order
1 Construct dynamic PPI network DG={G1，G2，…，Gi} based on GED according to the formula（7-1）and（7-2）；
2 for each Gi ∈ DG do
3     for each eij(u，v) ∈ E do
4         compute GO_sim(v，u)；
5         compute ECC(v，u)；
6         compute WE(v，u)；
7     end for
8     for each vij ∈ Vi do
9         compute the sum of WE(vij，u)；
10    end for
11 end for
12 Compute the DWE of all nodes by formula（7-6）；
13 Return the top K ranked proteins according to their DWE values ；
```

DWE 算法第一步根据基因表达和静态 PPI 网络构建动态 PPI 网络；第二步实现动态 PPI 网络的加权，对于动态 PPI 网络中的任意瞬态网络 G_i，算法循环以式（7-5）计算每条边的权值，然后对瞬态子网 G_i 中任意顶点 v_{ij}，计算与顶点 v_{ij} 相连边的权值之和；算法第三步对 PPI 网络中的所有蛋白质评估其在动态加权 PPI 网络中的 DWE 评分，并按照 DWE 值将蛋白质进行降序排列；在第四步返回排序后的前 K 个顶点作为 DWE 算法预测的关键蛋白质。

7.3.4 实验结果与分析

7.3.4.1 实验数据

由于酵母蛋白质相互作用网络和关键蛋白质数据都具有较高的完整性和可靠性，因此选择酵母相关数据集验证本书方法的有效性。实验用到的相关数据描述如下：

（1）酵母蛋白质交互作用网络（PPI，Protein-Protein Interaction）来自 DIP 数据库。其中，包含 5093 个蛋白质，24743 个相互作用。

（2）标准的关键蛋白质通过 MIPS、SGD、DEG、SGDP 整合得到。合并后的集合中包括 1285 个关键蛋白质，其中，出现在酵母 PPI 网络中的有 1167 个。

（3）酵母基因表达文件下载于 NCBI 基因表达综合网站编号为 GSE3431 的数据。它以一个 $m \times n$ 矩阵的形式存储，矩阵中的每一个值表示某个蛋白质在某个时刻的表达水平。其中，有 4981 个基因产物出现在酵母 PPI 网络中。

（4）酵母蛋白质 GO 注释信息来自基因本体库（2016 年 12 月 24 日的版本），它主要包括三部分：生物过程、分子组件和分子功能。

7.3.4.2 实验结果及分析

为验证动态加权 PPI 网络的效果和评估 DWE 方法的识别效率，本节设计了两组实验进行对比分析。其中一组使用三种不同的 PPI 网络数据，包括静态 PPI 网络（SPPIN，Static PPI Network）、Xiao 等构建的动态 PPI 网络（APPIN，Active PPI Network）及前面所构建的动态加权 PPI 网络（DWPPIN，Dynamic Weighted PPI Network）。并在每种 PPI 网络上，分别应用中心性算法检测关键蛋白质。另一组编程实现现有的七种经典的中心性检测方法，融合了生物信息的 PeC、WDC 和 UDoNC 方法与 DWE 进行对比。并采用“排序-筛选”法、“刀切法”及敏感度、特异性等指标评估实验结果。

A PPI 网络对检测效果的影响

由于 DC、LAC、NC 分别从邻居个数、邻居的重要性和边的重要性三个不同的角度衡量蛋白质在网络中的重要性，因此，选择这三种方法作为实验对比方法。图 7-5 给出了这三种方法在三种 PPI 网络中的判定效果。从图 7-5 可看出，与静态 PPI 网络相比，动态加权网络中的结果明显提高了很多。当选取前 600 个作为候选样本集时，动态加权 PPI 网络的正确率提高了 20%。尽管在候选样本较少时，动态加权 PPI 网络和动态 PPI 网络的正确率非常接近，然而随着候选样本的增加，动态加权 PPI 网络的结果正确率逐渐优于动态 PPI 网络。因此，动态加权 PPI 网络能够提高算法的检测效果。

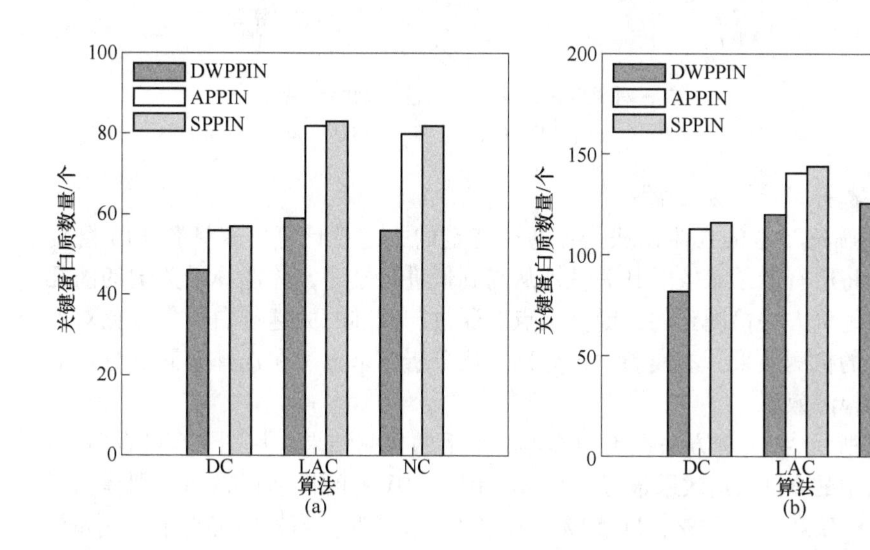

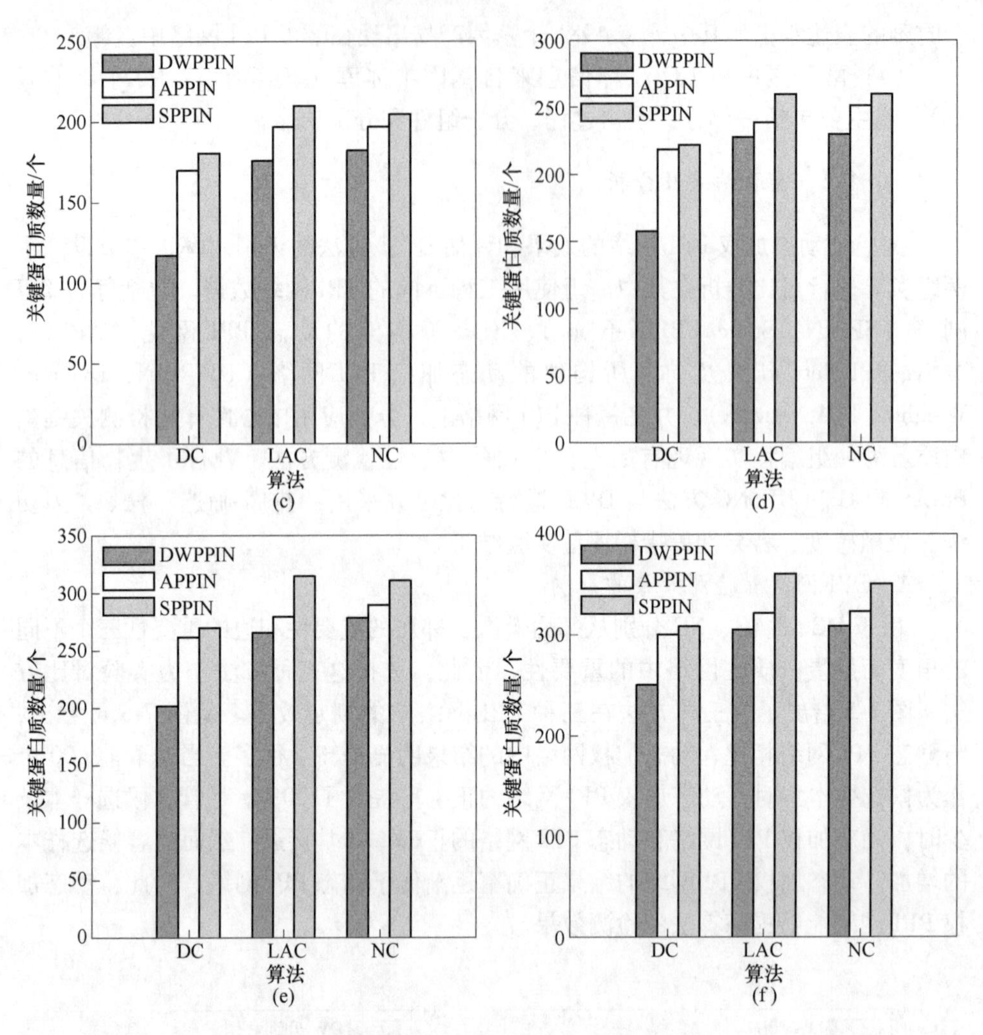

图 7-5　在三种 PPI 网络中三种方法识别的数量

（a） top 100；（b） top 200；（c） top 300；（d） top 400；（e） top 500；（f） top 600

B　“排序-筛选” 法分析

“排序-筛选”法的具体做法是：通过特定的关键性计算方式评价 PPI 网络中的顶点。将所有的顶点按照其关键性从高到低进行排序，并选择最关键的前几位作为这一评价方法检测到的关键性顶点。通过与标准的关键蛋白质集合比对评估这种方法的检测效果。本实验中，分别对比分析各个方法在选择不同百分比的候选集时的检测效果。

图 7-6 所示为 11 种方法在不同样本容量下的检测结果。从图 7-6 可看出，7 种经典方法中的 NC 识别效果最好。与 NC 相比，DWE 的识别正确率分别提高了 28.12%、15.72%、15.90%、11.52%、8.41%、6.62%。当样本容量比较小时，

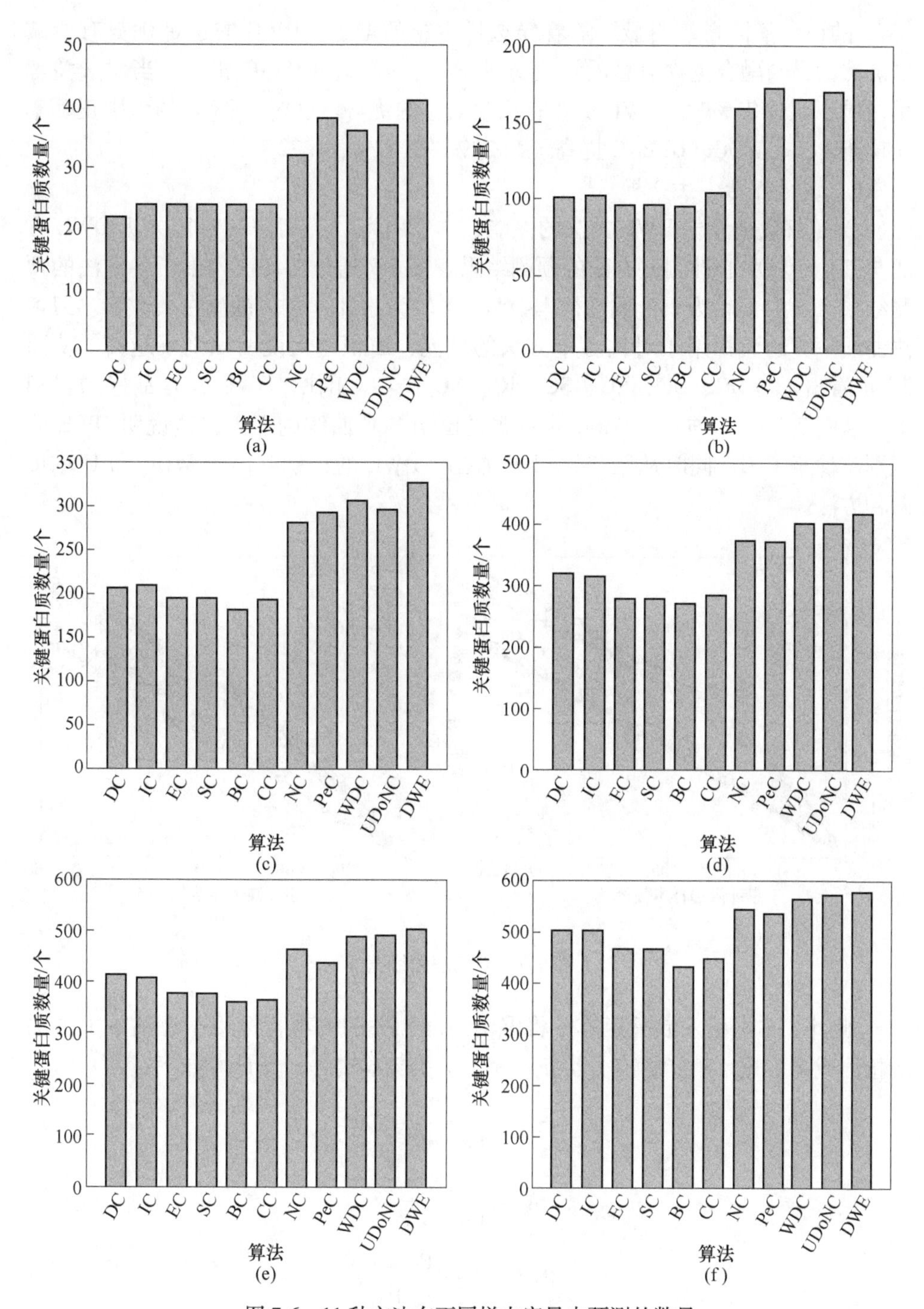

图 7-6 11 种方法在不同样本容量中预测的数量

(a) top 1%；(b) top 5%；(c) top 10%；(d) top 15%；(e) top 20%；(f) top 25%

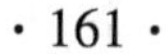

DWE 的识别率提高最明显。随着候选样本量的增加，DWE 的这种优势有所减弱。然而，与融合生物信息的识别方法 PeC、WDC、UDoNC 相比，当候选关键蛋白质不超过 25%时，DWE 仍然有比较明显的优势。这时，DWE 的识别正确率相比于 PeC、WDC、UDoNC 提高了 8.21%、2.47%、1.22%。

C　其他评估方法分析

为更细致地评估 DWE 方法的性能，本书引入“刀切法”对比分析 DWE 方法与其他十种中心性测度方法的预测结果。图 7-7 通过刀切法列出了各方法的预测结果。图中 X 轴为累计候选样本数量，Y 轴为累计真实关键蛋白质数量。刀切法曲线下方的面积用于对比各个方法的性能，面积越大说明识别率越高。从图 7-7可看出，与 DC、BC、EC、SC、IC、NC 和 CC 相比，DWE 具有最好的识别率。从图 7-7（a）看出，DWE 曲线明显位于 PeC 曲线的上方，这说明 DWE 的识别率优于 PeC。同时从图 7-7（b）看出，DWE 的识别率高于 WDC 和 UDoNC 两种方法。

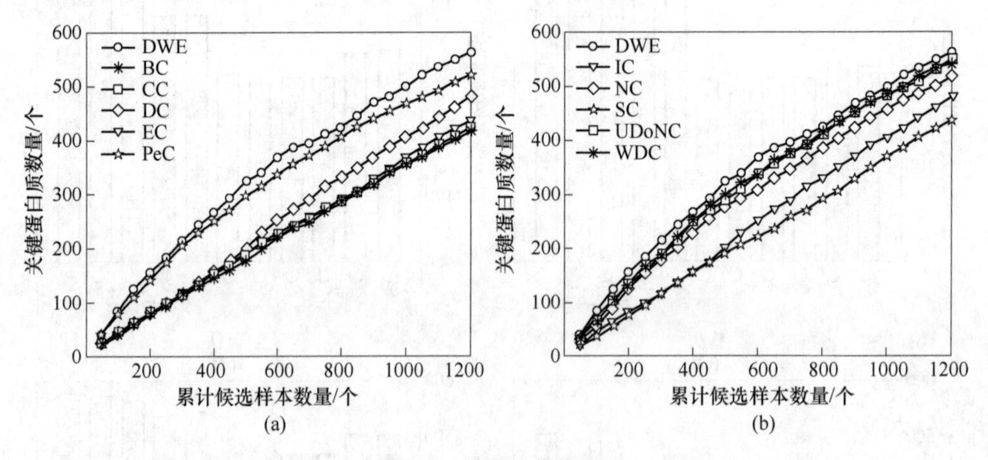

图 7-7　刀切法曲线图

此外，本书引入混淆矩阵，将混淆矩阵相关的六项指标用于评估本书方法的检测效果。这六项指标有分类正确率、分类精确度等，其计算如下：

$$SN = \frac{TP}{TP + FN} \tag{7-7}$$

$$SP = \frac{TN}{TN + FP} \tag{7-8}$$

$$PPV = \frac{TP}{TP + FP} \tag{7-9}$$

$$NPV = \frac{TN}{TN + FN} \tag{7-10}$$

$$F = \frac{2 \times SN \times PPV}{SN + PPV} \tag{7-11}$$

$$ACC = \frac{TP + TN}{TP + TN + FP + FN} \tag{7-12}$$

式（7-7）~式（7-12）中，TP 表示正确分类的关键蛋白质数量，TN 表示正确分类的非关键蛋白质数量；FP 表示非关键蛋白质中被错误分类的数量，FN 表示关键蛋白质中被错误分类的数量。

根据标准关键蛋白质集合中的元素数量，选取排序后的前 1167 个作为候选集，并计算各方法六项指标的值。表 7-1 为 DWE 与其他十种方法的六项指标的值。从表 7-1 可看出，DWE 的任一指标都高于其他几种方法。

表 7-1 DWE 和其他蛋白质关键性检测方法的各个评价指标的比较

方法	SN	SP	PPV	NPV	F-measure	ACC
DC	0.4002	0.8217	0.4002	0.8217	0.4002	0.7251
IC	0.4002	0.8217	0.4002	0.8217	0.4002	0.7251
EC	0.3676	0.8120	0.3676	0.8120	0.3676	0.7102
SC	0.3676	0.8120	0.3676	0.8120	0.3676	0.7102
BC	0.3505	0.8069	0.3505	0.8069	0.3505	0.7023
CC	0.3548	0.8082	0.3548	0.8082	0.3548	0.7043
NC	0.4353	0.8321	0.4353	0.8321	0.4353	0.7412
PeC	0.4362	0.8324	0.4362	0.8324	0.4362	0.7416
WDC	0.4619	0.8400	0.4619	0.8400	0.4619	0.7534
UDoNC	0.4653	0.8411	0.4653	0.8411	0.4653	0.7550
DWE	0.4685	0.8441	0.4685	0.8441	0.4685	0.7594

7.4 本章小结

利用图论来研究生物特性已成为生物信息学的一个常用方法。已有的基于蛋白质交互网络的关键蛋白质识别方法主要有两类，一类是基于蛋白质交互网络的拓扑结构位置，另一类是结合拓扑结构位置和生物属性。本章给出的方法属于后一种类型，综合 GO 语义信息和蛋白质周边的交互情况，在此加权后的蛋白质交互网络基础上识别有重要影响力的节点。该方法降低了数据噪声对实验结果的影响，提高了 PPI 网络的可信任度，进而提高了结果的准确率，能够辨别出更多的关键性顶点。综合社交网络和蛋白质交互网络的重要节点发现方法，可以看出，两者的方法类似，不同的地方在于计算方法在不同应用领域表现各异。如在社交网络，度量两个用户之间的影响权重考虑到历史交互日志，在蛋白质交互网络，蛋白质之间交互概率考虑到生物属性。

不管是社交网络还是蛋白质交互网络，网络的个体之间的交互刻画是非常重要的，其真实度对个体影响力计算结果有着重大的影响。由此可以看出复杂网络的个体影响力计算研究内容主要包括个体间的影响概率、影响力的度量，这也是学者们一直在探索的问题。

参考文献

[1] 百度百科，次模函数 [EB/OL]. https://baike. baidu. com/item/%E6%AC%A1%E6%A8%A1%E5%87%BD%E6%95%B0/15445501? fr=Aladdin.

[2] 冀进朝，韩笑，王喆．基于完全级联传播模型的社区影响最大化 [J]. 吉林大学学报(理学版)，2009，47 (5)：1032-1034.

[3] 陈卫．社交网络影响力传播研究 [J]. 大数据，2015，1 (3)：82-98.

[4] 单芳芳，李晖，朱辉．基于博弈论的社交网络转发控制机制 [J]. 通信学报，2018，39 (3)：172-179.

[5] 韩忠明，陈炎，李梦琪，等．一种有效的基于三角结构的复杂网络节点影响力度量模型 [J]. 物理学报，2016，65 (16)：289-300.

[6] 华北电力大学．一种通信网节点重要性评价方法：中国，CN103476051B [P]. 2016.

[7] 黄丽亚，汤平川，霍宥良，等．基于加权 K-阶传播数的节点重要性 [J]. 物理学报，2019，68 (12)：313-323.

[8] 韩忠明，刘雯，李梦琪，等．基于节点向量表达的复杂网络社团划分算法 [J]. 软件学报，2019，30 (4)：1045-1061.

[9] 杨青林，王立夫，李欢，等．基于相对距离的复杂网络谱粗粒化方法 [J]. 物理学报，2019，68 (10)：7-17.

[10] 林冠强，莫天文，叶晓君，等．基于 TOPSIS 和 CRITIC 法的电网关键节点识别 [J]. 高电压技术，2018，44 (10)：3383-3389.

[11] 许小可．社交网络上的计算传播学 [M]. 北京：高等教育出版社，2015.

[12] 刘影．复杂网络中节点影响力挖掘及其应用研究 [D]. 成都：电子科技大学，2016.

[13] 王俊，余伟，胡亚慧，等．基于 3-layer 中心度的社交网络影响力最大化算法 [J]. 计算机科学，2014，41 (1)：59-63.

[14] 陈晓龙．社会网络影响力最大化算法及其传播模型研究 [D]. 哈尔滨：哈尔滨工程大学，2016.

[15] 曹玖新，董丹，徐顺，等．一种基于 k 核的社会网络影响最大化算法 [J]. 计算机学报，2015，38 (2)：238-248.

[16] 王立夫，赵云康，段乐，等．割点失效对复杂网络可控性的影响 [J]. 控制与决策，2019，34 (11)：2310-2316.

[17] 郭静，张鹏，方滨兴，等．基于 LT 模型的个性化关键传播用户挖掘 [J]. 计算机学报，2014 (4)：809-818.

[18] 张云飞，李劲，岳昆，等．关联影响力传播最大化方法 [J]. 计算机科学与探索，2018，12 (12)：1891-1902.

[19] 宋甲秀，杨晓翠，张曦煌．复杂网络中 Top-k 影响力节点的识别算法 [J]. 计算机科学与探索，2018，12 (6)：928-939.

[20] 曹玖新，闵绘宇，王浩然，等．竞争环境中基于主题偏好的利己信息影响力最大化算法 [J]. 计算机学报，2019，7：1495-1510.

[21] 李劲，岳昆，张德海，等. 社会网络中影响力传播的鲁棒抑制方法 [J]. 计算机研究与发展，2016，53 (3)：601-610.

[22] 张云飞，李劲，岳昆，等. 关联影响力传播最大化方法 [J]. 计算机科学与探索，2018，12 (12)：1891-1902.

[23] 崔鑫，邵明玉. 结合主题特征和互作用网络拓扑特性的关键蛋白质识别 [J]. 计算机应用与软件，2016，33 (8)：283-288.

[24] 杨莉萍，路松峰，黄钰. 一种基于随机游走模型的关键蛋白质预测方法 [J]. 华中农业大学学报，2016，35 (6)：86-91.

[25] Ma H, Yang H, Lyu M R, et al. Mining social networks using heat diffusion processes for marketing candidates selection [C]// Proceedings of International Conference on Information and Knowledge Management. Napa Valley, California, USA, 2008: 233-242.

[26] Newman M. The structure and function of complex networks [J]. SiamReview, 2003, 45: 167-256.

[27] Yi J, Liu P, Tang X, et al. Improved SIR advertising spreading model and its effectiveness in social network [J]. Procedia Computer Science, 2018, 129: 215-218.

[28] Li M, Wang X, Gao K, et al. A survey on information diffusion in online social networks: models and methods [J]. Information, 2017, 8 (4): 118.

[29] Bass F M. A new product growth model for consumer durables [J]. Management Science, 1976, 15 (5): 215-227.

[30] Goyal A, Bonchi F, Lakshmanan L V S. A data-based approach to social influence maximization [J]. Pvldb, 2011, 5 (1): 2011.

[31] Kanna A F, Yacine A, Ajith A. Models of influence in online social networks [J]. International Journal of Intelligent Systems, 2014, 29 (2): 161-183.

[32] Xie J, Zhang C, Wu M, et al. Influence inflation in online social networks [C]// 2014 IEEE/ACM International Conference on Advances in Social Networks Analysis and Mining (ASONAM). 2014: 435-442.

[33] Wang G, Jiang W, Wu J, et al. Fine-grained feature-based social influence evaluation in online social networks [J]. IEEE Transactions on Parallel and Distributed Systems, 2013, 25 (9): 2286-2296.

[34] Immorlica N, Kleinberg J M, Mahdian M, et al. The role of compatibility in the diffusion of technologies through social networks [C]// Proceedings of the 8th ACM Conference on Electronic Commerce (EC). San Diego, USA, 2007: 75-83.

[35] Montanari A, Saberi A. Convergence to equilibrium in local interaction games [C]// Proceedings of the 50th Annual IEEE Symposium on Foundations of Computer Science (FOCS). Atlanta, USA, 2009: 303-312.

[36] Li Y, Chen W, Wang Y, et al. Influence diffusion dynamics and influence maximization in social networks with friendand foe relationships [C]// Proceedings of the 6th ACM International Conference on Web Search and Data Mining (WSDM). Rome, Italy, 2013:

657-666.

[37] Saito K, Nakano R, Kimura M. Prediction of information diffusion probabilities for independent cascade model [C]// International Conference on Knowledge-based and Intelligent Information and Engineering Systems. Springer, Berlin, Heidelberg, 2008: 67-75.

[38] Simon B, Sylvain L, Patrick G. Representation learning for information diffusion through social networks: an embedded cascade model [C]// Proceedings of the Ninth ACM International Conference on Web Search and Data Mining. San Francisco, USA, 2016: 573-582.

[39] Ver Steeg G, Galstyan A. Information-theoretic measures of influence based on content dynamics [C]// Proceedings of the Sixth ACM International Conference on Web Search and Data Mining. 2013: 3-12.

[40] Wang L, Ermon S, Hopcroft J E. Feature-enhanced probabilistic models for diffusion network inference [C]// Joint European Conference on Machine Learning and Knowledge Discovery in Databases. Springer, Berlin, Heidelberg, 2012: 499-514.

[41] Bourigault S, Lagnier C, Lamprier S, et al. Learning social network embeddings for predicting information diffusion [C]// Proceedings of the 7th ACM International Conference on Web Search and Data Mining. 2014: 393-402.

[42] Feng S S, Gao C, Arijit K, et al. Inf2vec: latent reprsentation model for social influence embedding [C]// International Conference on Data Engineering. Paris. France, 2018: 941-952.

[43] Kempe D, Kleinberg J, Tardos V. Maximizing the spread of influence through a social network [C]// Proceedings of the 9th ACM SIGKDD International Conference on Knowledge Discovery and Data Mining. Seattle, USA, 2003: 137-146.

[44] Leskovec J, Andreas K, Carlos G, et al. Cost-effective outbreak detection in networks [C]// Proceedings of the 13th ACM SIGKDD International Conference on Knowledge Discovery and Data Mining. San Jose, CA, 2007: 420-429.

[45] Goyal A, Lu W, Lakshmanan LV. Celf++: optimizing the greedy algorithm for influence maximization in social networks [C]// Proceedings of the 20th International Conference Companion on World Wide Web. New York, USA, 2011: 47-48.

[46] Borgs C, Brautbar M, Chayes J, et al. Maximizing social influence in nearly optimal time [C]// Proceedings of the 25th Annual ACM-SIAM Symposium on Discrete Algorithms, Hilton Porland & Executive Tower Portland. Oregon, USA, 2014: 946-957.

[47] Tang Y, Shi Y, Xiao X. Influence maximization in near-linear time: a martingale approach [C]// Proceedings of the ACM SIGMOD International Conference on Management of Data. Melbourne, Victoria, Australia, 2015: 1539-1554.

[48] Şirag E, Claudio C, Filippo R. Systematic comparison between methods for the detection of influential spreaders in complex networks [J]. Scientific Reports, 2019, 9 (1): 1-11.

[49] Wang Y, Cong G, Song G, et al. Community-based greedy algorithm for mining top-k in uential nodes in mobile social networks [C]// Proceedings of the 16th ACM SIGKDD

International Conference on Knowledge Discovery and Data Mining. Washington DC, USA, 2010: 1039-1048.

[50] Khadije R, Abolfazl A, Maseud R, et al. A fast algorithm for finding most influential people based on the linear threshold model [J]. Expert Systems with Applications, 2015, 42 (3): 1353-1361.

[51] Li X, Cheng X, Su S, et al. Community-based seeds selection algorithm for location aware influence maximization [J]. Neurocomputing, 2018 (275): 1601-1613.

[52] Estevez P A, Vera P, Saito K. Selecting the most influential nodes in social networks [C]// The 2007 International Joint Conference on Neural Networks. NJ: Institute of Electrical and Electronics Engineers, 2007: 2397-2402.

[53] Chen W, Wang Y, Yang S. Efficient influence maximization in social networks [C]// Proceedings of the 15th ACM SIGKDD International Conference on Knowledge Discovery and Data Mining. Association for Computing Machinery, 2009: 199-208.

[54] Jiang Q, Song G, Cong G, et al. Simulated annealing based influence maximization in social networks [C]// Proceedings of the 25th AAAI Conference on Artificial Intelligence. California: AI Access Foundation, 2011: 127-132.

[55] Chen W, Yuan Y, Zhang L. Scalable influence maximization in social networks under the linear threshold model [C]// Proceedings of the 10th IEEE International Conference on Data Mining. NJ: Institute of Electrical and Electronics Engineers, 2010: 88-97.

[56] Fowler J, Christakis N. Connected: the surprising power of our social networks and how they shape our lives [M]. New York: Little, Brown and Company, 2009: 30-117.

[57] Lü L, Chen D B, Ren X L, et al. Vital nodes identification in complex networks [J]. Physics Reports, 2016 (650): 1-63.

[58] Chen D, Lü L, Shang M S, et al. Identifying influential nodes in complex networks [J]. Physica A: Statistical Mechanics and Its Applications, 2012, 391 (4): 1777-1787.

[59] Freeman L. A set of measures of centrality based on betweenness [J]. Sociometry, 1977, 40 (1): 35-41.

[60] Ibonoulouafi A, Ei H. Density centrality: identifying influential nodes based on area density formula [J]. Chaos Solitons & Fractals, 2019, 114: 69.

[61] Tian L, Bashan A, Shi D N, et al. Articulation points in complex networks [J]. Nature Communications, 2017, 8 (1): 1-9.

[62] Rossi R, Ahmed N. The network data repository with interactive graph analytics and visualization [C]// Proceedings of the AAAI Conference on Artificial Intelligence. 2015, 29 (1): 4292-4293.

[63] Zareie A, Sheikhahmadi A, Khamforoosh K. Influence maximization in social networks based on TOPSIS [J]. Expert Systems with Applications, 2018, 108: 96-107.

[64] Guo J, Zhang P, Zhou C, et al. Personalized influence maximization on social networks [C]// Proceedings of the 22nd ACM International Conference on Conference on Information &

Knowledge Management. ACM, 2013: 199-208.

[65] Nemhauser G L, Wolsey L A, Fisher M L. An analysis of approximations for maximizing submodular set functions— I [J]. Mathematical Programming, 1978, 14 (1): 265-294.

[66] Bharathi S, Kempe D, Salek M. Competitive influence maximization in social networks [C]// Proceedings of the 3rd International Conference on Internet and Network Economics. San Diego, CA, USA, 2007: 306-311.

[67] Zhu W, Yang W, Xuan S H, et al. Location-aware influence blocking maximization in social networks [J]. IEEE Access, 2018 (6): 61462-61477.

[68] Cao C, Li Y U, Yang H. Containment of rumors under limit cost budget in social network [C]// Proceedings of the 14th International Conference on E-Business. Wuhan, China, 2015.

[69] Bozorgi A, Samet S, Kwisthout J, et al. Community-based influence maximization in social networks under a competitive linear threshold model [J]. Knowledge-Based Systems, 2017, 134 (15): 149-158.

[70] Zhang J, Wang S, Zhan Q, et al. Intertwined viral marketing through online social networks [C]//Proceedings of the 2016 IEEE/ACM International Conference on Advances in Social Networks Analysis and Mining, San Francisco, CA, USA, 2016: 239-246.

[71] Zarezade A, Khodadadi A, Farajtabar M, et al. Correlated cascades: compete or cooperate [C]// Proceedings of the 21st AAAI Conference on Artificial Intelligence. San Francisco, California, 2017: 238-244.

[72] Litou I, Kalogeraki V, Gunopulos D. Influence maximization in a many cascades world [C]// Proceedings of the IEEE 37th International Conference on Distributed Computing Systems. 2017: 911-921.

[73] Budak C, Agrawal D, Abbadi A E. Limiting the spread of misinformation in social networks [C]// Proceedings of the 20th International Conference on World Wide Web. New York, USA, 2011: 665-674.

[74] Tzoumas V, Amanatidis C, Markakis E. A game-theoretic analysis of a competitive diffusion process over social networks [C]// Proceedings of International Conference on Internet & Network Economics. Liverpool, UK, 2012 (7695): 1-14.

[75] He X, Song G, Chen W, et al. Influence blocking maximization in social networks under the competitive linear threshold model [C]// Proceedings of the SIAM International Conference on Data Mining. Halifax, Nova Scotia, Canada, 2012: 463-474.

[76] Lu W, Bonchi F, Goyal A, et al. The bang for the buck: fair competitive viral marketing from the host perspective [C]// Proceedings of the 19th ACM SIGKDD International Conference on Knowledge Discovery and Data Mining. New York, USA, 2013: 928-936.

[77] Kitsa K, Maksim G, Lazaros K, et al. Identification of influential spreaders in complex networks [J]. Nature Physics, 2010, 6 (11): 888-893.

[78] Morone F, Makse H A. Influence maximization in complex networks through optimal percolation [J]. Nature, 2015, 527 (7579): 544.

[79] Li D, Xu Z M, Charaborty N, et al. Polarity related influence maximization in signed social networks [J]. PLoS One, 2014, 9 (7): 102199.

[80] Li D, Wang C, Zhang S, et al. Positive influence maximization in signed social networks based on simulated annealing [J]. Neurocomputing, 2017, 260: 69-78.

[81] Wang H, Yang Q, Fang L, et al. Maximizing positive influence in signed social networks [C]// International Conference on Cloud Computing and Security. Springer International Publishing, 2015.

[82] Maryam, Hosseini-Pozveh, Kamran, et al. Maximizing the spread of positive influence in signed social networks [J]. Intelligent Data Analysis, 2016, 20 (1): 199-218.

[83] Nguyen H T, Thai M T, Dinh T N. Stop-and-stare: optimal sampling algorithms for viral marketing in billion-scale networks [C]// Proceedings of the 2016 International Conference on Management of Data. Association for Computing Machinery, 2016: 695-710.

[84] Simsek A. A new greedy algorithm for influence maximization on signed social networks [J]. Gazi Journal of Engineering Sciences, 2019, 5 (3): 250-257.

[85] Liu W, Chen X, Jeon B, et al. Influence maximization on signed networks under independent cascade model [J]. Applied Intelligence, 2018, 49 (3): 912-928.

[86] Srivastava A, Chelmis C, Prasanna V K. Social influence computation and maximization in signed networks with competing cascades [C]// Proceedings of the 2015 IEEE/ACM International Conference on Advances in Social Networks Analysis and Mining 2015. 2015: 41-48.

[87] Panagopoulos G, Malliaros F, Vazirgiannis M. Multi-task learning for influence estimation and maximization [J]. IEEE Transactions on Knowledge and Data Engineering, 2021: 1.

[88] Hogg T, Lerman K. Social dynamics of digg [J]. EPJ Data Science, 2012, 1 (1): 1-26.

[89] Zhang J, Liu B, Tang J, et al. Social influence locality for modeling retweeting behaviors [C]// Twenty-third International Joint Conference on Artificial Intelligence. 2013: 2761-2767.

[90] Tang J, Zhang J, Yao L, et al. Arnetminer: extraction and mining of academic social networks [C]// Proceedings of the 14th ACM SIGKDD International Conference on Knowledge Discovery and Data Mining. 2008: 990-998.

[91] Malliaros F D, Rossi M E G, Vazirgiannis M. Locating influential nodes in complex networks [J]. Scientific Reports, 2016, 6 (1): 1-10.

[92] Shin K, Eliassi-Rad T, Faloutsos C. Patterns and anomalies in k-cores of real-world graphs with applications [J]. Knowledge and Information Systems, 2018, 54 (3): 677-710.

[93] Peng B, Chen W. Adaptive influence maximization with myopic feedback [C]// 33rd Conference on Neural Information Processing Systems (NeurIPS 2019). Vancouver, Canada, 2019: 1-10.

[94] Chen W, Peng B, Schoenebeck G, et al. Adaptive greedy versus non-adaptive greedy for influence maximization [C]// Proceedings of the AAAI Conference on Artificial Intelligence. 2020, 34 (1): 590-597.

[95] D'Angelo G, Poddar D, Vinci C. Better bounds on the adaptivity gap of influence maximization under full-adoption feedback [C]. 35th AAAI Conference on Artifical Intelligence. 2021: 12069-12077.

[96] Chen W, Peng B. On adaptivity gaps of influence maximization under the independent cascade model with full adoption feedback [C]. 30th International Symposium on Algorithms and Computation. Shanghai, China, 2019, 24: 1-19.

[97] Huang K, Tang J, Han K, et al. Efficient approximation algorithms for adaptive influence maximization [J]. The VLDB Journal, 2020, 29: 1385-1406.

[98] Vaswani S, Lakshmanan L V S. Adaptive influence maximization in social networks: why commit when you can adapt [J]. arXiv preprint arXiv: 1604.08171, 2016.

[99] Ally A F, Zhang N. Effects of rewiring strategies on information spreading in complex dynamic networks [J]. Communications in Nonlinear Science and Numerical Simulation, 2018, 57: 97-110.

[100] Saito K, Kimura M, Ohara K, et al. Which targets to contact first to maximize influence over social network [C]// International Conference on Social Computing, Behavioral-Cultural Modeling, and Prediction. Springer, Berlin, Heidelberg, 2013: 359-367.

[101] Khalil E B, Dilkina B, Song L. Scalable diffusion-aware optimization of network topology [C]//Proceedings of the 20th ACM SIGKDD International Conference on Knowledge Discovery and Data Mining. 2014: 1226-1235.

[102] Yang D, Xian J, Pan L, et al. Effective edge-based approach for promoting the spreading of information [J]. IEEE Access, 2020, 8: 83745-83753.

[103] Kunegis J. Konect: the koblenz network collection [C]// Proceedings of the 22nd International Conference on World Wide Web. 2013: 1343-1350.

[104] Golovin D, Krause A. Adaptive submodularity: theory and applications in active learning and stochastic optimization [J]. Journal of Artificial Intelligence Research, 2011, 42: 427-486.

[105] Dreyer P A. Applications and variations of domination in graphs [D]. Rutgers University, 2000.

[106] Pal C, Papp B, Hurst L D. Genomic function: rate of evolution and gene dispensability [J]. Nature, 2003, 421: 496-497.

[107] Liao B Y, Scott N M, Zhang J. Impacts of gene essentiality, expression pattern, and gene compactness on the evolutionary rate of mammalian proteins [J]. Mol. Biol. Evol., 2006, 23 (11): 2072-2080.

[108] Xu J, Li Y. Discovering disease-genes by topological features in human protein-protein interaction network [J]. Bioinformatics, 2006, 22 (22): 2800-2805.

[109] Park D, Park J, Park S G, et al. Analysis of human disease genes in the context of gene essentiality [J]. Genomics, 2008, 92 (6): 414-418.

[110] Nguyen T P, Caberlotto L, Morine M J, et al. Network analysis of neurodegenerative disease highlights a role of toll-like receptor signaling [J]. BioMed Research International, 2014, 6: 1-17.

[111] Thanh-phuong Nguyen, Wei-chung Liu, Ferenc Jordan. Inferring pleiotropy by network analysis: linked disease in the human PPI network [J]. BMC Systems Biology, 2011, 5 (179): 1-13.

[112] Jeong H, Mason S P, Barabási A L, et al. Lethality and centrality in protein networks [J]. Nature, 2001, 411: 41-42.

[113] Wassmerman K, Faust S. Social network analysis [M]. Cambridge: Cambridge University Press, 1994.

[114] Jordán F, Liu W C, Davis A J. Topological keystone species: measures of positional importance in food webs [J]. Oikos, 2006, 112 (3): 535-546.

[115] Zhang L, Guo X Q, Chu J F, et al. Potential hippocampal genes and pathways involved in Alzheimer's disease: a bioinformatic analysis [J]. Genetics and Molecular Research, 2015, 14 (2): 7218-7232.

[116] Krauthammer M, Kaufmann C A, Gilliam T C, et al. Molecular triangulation: bridging linkage and molecular-network information for identifying candidate genes in Alzheimer's disease [C]// Proceedings of the National Academy of Sciences of the United States of America. 2004, 101 (42): 15148-15153.

[117] Liu Z P, Wang Y, Zhang X S, et al. Identifying dysfunctional crosstalk of pathways in various regions of Alzheimer's disease brains [J]. BMC Systems Biology, 2010, 4 (2): 1–12.

[118] Goñi J, Esteban F J, Mendizábal N V de, et al. A computational analysis of protein-protein interaction networks in neurodegenerative diseases [J]. BMC Systems Biology, 2008, 2 (1): 1-10.

[119] Joy M P, Brock A, Ingber D E, et al. High-betweenness proteins in the yeast protein interaction network [J]. BioMed Research International, 2005, 2005 (2): 96-103.

[120] Wuchty S, Stadler P F. Centers of complex networks [J]. Journal of Theoretical Biology, 2003, 223 (1): 45-53.

[121] Estmda E, Rodriguez-Velazquez J A. Subgraph centrality in complex networks [J]. Physical Review E, 2005, 71 (5): 056103.

[122] Bonacich P. Power and centrality: a family of measures [J]. American Journal of Sociology, 1987, 92 (5): 1170-1182.

[123] Stephenson K, Zelen M. Rethinking centrality: methods and examples [J]. Social Networks, 1989, 11 (1): 1-37.

[124] Li M, Wang J, Chen X, et al. A local average connectivity-based method for identifying essential proteins from the network level [J]. Computational Biology & Chemistry, 2011, 35 (3): 143-150.

[125] Wang J X, Li M, Wang H, et al. Identification of essential proteins based on edge clustering coefficient [J]. IEEE/ACM Trans on Computational Biology & Bioinformatics, 2012, 9 (4): 1070-1080.

[126] Li M, Zhang H H, Wang J X, et al. A new essential protein discovery method based on the

integration of protein-protein interaction and gene expression data [J/OL]. BMC Systems Biology, 2012. https://doi.org/10.1186/1752-0509-6-15.

[127] Tang X W, Wang J X, Zhong J C, et al. Predicting essential proteins based on weighted degree centrality [J]. IEEE/ACM Trans on Computational Biology & Bioinformatics, 2014, 11 (2): 407-418.

[128] Peng W, Wang J X, Cheng Y, et al. UDoNC: an algorithm for identifying essential proteins based on protein domains and protein-protein interaction networks [J]. IEEE/ACM Trans on Computational Biology & Bioinformatics, 2015, 12 (2): 276-288.

[129] Xiao Q H, Wang J X, Peng X Q, et al. Identifying essential proteins from active PPI networks constructed with dynamic gene expression [J/OL]. BMC Genomics, 2015. https://doi.org/10.1186/1471-2164.16-S3-S1.

[130] Tang X, Wang J, Liu B, et al. A comparison of the functional modules identified from time course and static PPI network data [J]. BMC Bioinformatics, 2011, 12 (1): 1-15.

[131] Wang J, Peng X, Li M, et al. Construction and application of dynamic protein interaction network based on time course gene expression data [J]. Proteomics, 2013, 13 (2): 301-312.

[132] Wang H, Li M, Wang J, et al. A new method for identifying essential proteins based on edge clustering coefficient [J]. Lecture Notes in Computer Science, 2011, 6674: 87-98.

[133] Xenarios I, Rice D W, Salwinski L, et al. DIP: the database of interacting proteins [J]. Nucleic Acids Research, 2004, 32 (1): 289-291.

[134] Hw M, D F, Kf M, et al. MIPS: analysis and annotation of proteins from whole genomes [J]. Nucleic Acids Research, 2006, 34 (2): 169-172.

[135] Cherry J M, Adler C, Ball C, et al. SGD: saccharomyces genome database [J]. Nucleic Acids Research, 1998, 26 (1): 73-79.

[136] Zhang R, Lin Y. DEG 5.0, a database of essential genes in both prokaryotes and eukaryotes [J]. Nucleic Acids Research, 2009, 37 (Database issue): 455-458.

[137] Saccharomyces genome deletion project [EB/OL]. http://www-sequence.stanford.edu/group/yeast_deletion_project.

[138] Tu B P, Kudlicki A, Rowicka M, et al. Logic of the yeast metabolic cycle: temporal compartmentalization of cellular processes [J]. Science, 2005, 310 (5751): 1152-1158.

[139] Consortium T G O. Gene ontology consortium: going forward [J]. Nucleic Acids Research, 2015, 43 (Database issue): 1049-1056.